U0281790

主编 朱建青 谷 宇 陈志兵 陈嘉霖

"十三五"国家重点出版物出版规划项目
重庆市出版专项资金资助项目

好奇心书系
图鉴系列

# 中国蝴蝶
# 生活史图鉴

# THE LIFE HISTORIES OF
# CHINESE
# BUTTERFLIES

重庆大学出版社

## 内容提要

蝴蝶是一类完全变态的昆虫，幼虫多以植物为食，成虫有访花习性，在生态系统中占据着重要的位置，与人类生产和生活关系密切。本书图文并茂地记述了264种国内蝴蝶的生活史及幼期特征，并附有相对应的成虫图片及219种相关的寄主植物照片，涵盖了我国蝴蝶全部的科以及90%的亚科类群，系统地介绍了蝴蝶的分类、生物学等基础知识，共收集照片2 600余幅。

本书可供农、林、环境监测、昆虫学相关人士学习和参考，也适合广大青少年、生物爱好者、蝴蝶爱好者、自然导赏员、艺术创作者等阅读和收藏。

**图书在版编目（C I P）数据**

中国蝴蝶生活史图鉴 / 朱建青等主编. -- 重庆 ：
重庆大学出版社，2018.8（2023.11重印）
（好奇心书系. 图鉴系列）
ISBN 978-7-5689-1191-7

Ⅰ. ①中… Ⅱ. ①朱… Ⅲ. ①蝶—中国—图解 Ⅳ.
①Q969.42-64

中国版本图书馆CIP数据核字(2018)第199162号

### 中国蝴蝶生活史图鉴
ZHONGGUO HUDIE SHENGHUOSHI TUJIAN

主 编：朱建青 谷 宇 陈志兵 陈嘉霖
策 划：鹿角文化工作室
责任编辑：梁 涛 王晓蓉 袁文华　　版式设计：周 娟 钟 琛 廖明媛 何欢欢
责任校对：张红梅　　　　　　　　　责任印刷：赵 晟

重庆大学出版社出版发行
出版人：陈晓阳
社址：重庆市沙坪坝区大学城西路21号
邮编：401331
电话：(023) 88617190　88617185（中小学）
传真：(023) 88617186　88617166
网址：http://www.cqup.com.cn
邮箱：fxk@cqup.com.cn（营销中心）
全国新华书店经销
重庆亘鑫印务有限公司印刷

开本：889mm×1194mm　1/16　印张：38.5　字数：1138 十
2018年8月第1版　2023年11月第3次印刷
印数：7 001—9 000
ISBN 978-7-5689-1191-7　定价：298.00元

# 中国蝴蝶生活史图鉴
## THE LIFE HISTORIES OF CHINESE BUTTERFLIES

## 编委会

### 主编

朱建青　谷　宇　陈志兵　陈嘉霖

### 主任

李利珍

### 编写者

李　凯　毛巍伟　林海伦　区伟佳　邓伟健　毕明磊

蒋广宁　董仁象　赵梅君　汤　亮　胡佳耀

### 摄影者

朱建青　谷　宇　陈志兵　陈嘉霖　李　凯　毛巍伟　林海伦　蒋广宁

毕明磊　董仁象　汤　亮　胡佳耀　贾凤海　何桂强　詹程辉　张红飞

区伟佳　刘　广　邓伟健　郎嵩云　吴振军　胡劭骥　孙文浩　宋晓彬

王　军　尹方韬　李利珍　张巍巍　黄思瑶

斐豹蛱蝶
*Argyreus hyperbius* (Linnaeus)

# 序 XU

　　蝴蝶被誉为大自然里会飞的花朵，是鳞翅目中一类多样性颇高的美丽昆虫，全世界已记载近 2 万种，我国已知 2 100 余种。蝴蝶幼虫以取食植物为主，成虫有助于植物授粉，在生态系统中扮演着重要的角色，对维持自然界生态平衡起着重要的作用。部分蝴蝶是农林重要害虫，与人类经济生产关系密切。此外，蝴蝶色彩斑斓的翅膀、婀娜的舞姿，让人浮想联翩，自古以来就深受人们的喜爱，故常出现在文人墨客笔下，成为众多艺术创作的原型。

　　随着我国生态文明建设的推进，社会各界对环境保护意识不断增强，以蝴蝶为代表的昆虫多样性也越来越受到人们的关注，蝴蝶研究者、蝴蝶爱好者以及喜欢大自然的人们也越来越多，人们渴望深入了解更多有关蝴蝶的知识。近年来，国内出版了一些蝴蝶成虫的图鉴，为人们认识和了解蝴蝶起到了良好的作用，但是专门介绍蝴蝶生活史或幼期的书籍却不多，人们对蝴蝶幼期生活的知识了解甚少。

　　《中国蝴蝶生活史图鉴》的出版正是我们所期盼的，本书图文并茂，印刷精美，是一部集科学性、知识性、艺术性和鉴赏性为一体的原创著作，在介绍蝴蝶分类、形态以及生活史的基础上，详细记述了 264 种蝴蝶的生活史及幼期特征，并附有相对应的成虫图片以及 219 种相关的寄主植物照片，涵盖了我国蝴蝶全部的科以及 90% 的亚科类群；书中介绍的蝴蝶分布于全国各地，是一本真正意义上的中国蝴蝶生活史图鉴。

　　本书编写者来自全国各地，他们中既有昆虫学专业人士，又有资深蝴蝶爱好者。特别是四位主编，他们将 10 余年来积累的中国蝴蝶生活史的第一手资料汇编成《中国蝴蝶生活史图鉴》奉献给读者，正是他们的这份坚持和不懈努力，为我国蝴蝶深层次的研究提供了重要数据和参考，也为广大青少年和蝴蝶爱好者提供了学习和鉴赏的材料。

上海师范大学　昆虫学教授

2018 年 3 月

斐豹蛱蝶
*Argyreus hyperbius* (Linnaeus)

# 前言 QIANYAN

蝴蝶自古以来广泛地受到人们的喜爱，不仅如此，在生态系统中同样占据着重要地位，维持着自然界的生态平衡，也关联着人类的经济生产和艺术创作。

中国幅员辽阔，气候和环境复杂，蝴蝶多样性颇高，已记录的种类超过2 100种，其中有不少是特有种。随着我国生态文明建设的推进，人们对环境以及生物多样性的关注度不断提高，蝴蝶进入了更多人的视野，从而涌现出许多喜欢蝴蝶、研究蝴蝶以及热爱大自然的朋友们。目前，国内出版的蝴蝶书籍在内容上多以蝴蝶成虫为主，少有介绍蝴蝶生活史（幼期）的书籍，这使得大家迫切需要一本图文并茂，集科学性、科普性为一体，涉及全国范围的蝴蝶生活史图鉴。

《中国蝴蝶生活史图鉴》的相关照片、数据信息来源于本书编者们长期的野外调查、拍摄和整理，均为一手资料。本书对蝴蝶的成虫及生活史特征进行了描述，提供了卵、幼虫、蛹阶段的照片，同时也给出了成虫标本照，有助于读者直观地辨识和了解这些蝴蝶。本书记述的264种蝴蝶种类，在类群上涵盖国内蝴蝶所有科以及大部分亚科，不仅如此，这些蝴蝶的分布几乎覆盖了我国七大动物地理区系，可以说是中国蝴蝶中最具代表性的种类。相信本书出版后，能为我国蝴蝶生活史的研究起到抛砖引玉的作用。

本书的顺利出版离不开编者师长、好友的悉心指教和帮助，感谢山东青岛的黄灏先生在蝴蝶分类鉴定上的指教以及在参考文献上的大力支持；感谢台湾师范大学徐堉峰教授在蝴蝶幼期饲养上的指点；感谢江西中医药大学贾凤海教授在部分蝴蝶生活史方面给予的支持；感谢张巍巍、何桂强、詹程辉、张红飞、刘广、邓伟健、黄宝平、严莹、郎嵩云、吴振军、胡劲骐、张鑫、孙文浩、毕文烜、于健伟、蒋韦斌、彭中、戴从超、宋晓彬、陈明晗、余一鸣、裴恩乐、涂荣秀、王军、尹方韬、刘子豪、黄思瑶、罗益奎、苗永旺等为本书提供的各种帮助。

本书是"十三五"国家重点出版物出版规划项目，获得了重庆市出版专项资金资助，同时得到了上海动物园、上海师范大学、重庆大学出版社、世茂集团、喵喵蝶园自然教育机构等的大力支持，在此一并表示感谢。

由于编者水平有限，错误之处实为难免，恳请广大读者批评指正。

编 者

2018年3月于上海

中华麝凤蝶
*Byasa confusus* (Rothschild)

# 目 录
## *Contents*

## 蛱蝶科 Nymphalidae /357

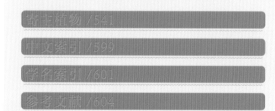

# 中国蝴蝶概述

A SUMMARY OF CHINESE
BUTTERFLIES

统帅青凤蝶
*Graphium agamemnon* (Linnaeus)

## 蝴蝶的分类

蝴蝶属昆虫纲 Insecta，类脉总目 Amphiesmenoptera，鳞翅目 Lepidoptera，全世界已记载近 2 万种，中国的蝴蝶资源较为丰富，已记录的种类超过 2 100 种。

按传统的分类系统，蝴蝶 (butterfly) 属锤角亚目 Rhopalocera，蛾类 (moth) 则归于异角亚目 Heterocera，并将触角形状、躯体粗细程度、有无翅缰 (frenulum)、活动时间、休息时翅膀状态等作为判断蝴蝶或蛾类的依据。随着鳞翅目昆虫系统发育研究的不断进步，一些传统观念被打破，其中有划时代意义的是分布于中、南美洲的丝角蝶成为蝴蝶的一员 (丝角蝶成虫形态近似尺蛾，夜间活动，触角为丝状，但幼虫形态近似于蛱蝶科闪蛱蝶亚科，其蛹则近似于粉蝶科)。除了丝角蝶以外，弄蝶也是蝴蝶中一个特殊的类群，余下的成员则是传统意义上的蝴蝶，即凤蝶、粉蝶、灰蝶和蛱蝶。因此，现在所谓"蝴蝶"的范畴为丝角蝶总科 Hedyloidea、弄蝶总科 Hesperioidea 和凤蝶总科 Papilionoidea。在系统树中，蝴蝶被蛾类"包围着"，通俗地说，蛾类是鳞翅目中除了上述 3 个蝶类总科外所有成员的统称。但是，从外观特征上，区分蝴蝶与蛾类的传统方法依然有效，即绝大部分蝴蝶均拥有以下特征：①触角为棒状或锤状；②白天活动；③两翅连锁器为翅抱；④身体相对纤细。

本书所记述的中国蝴蝶采用总科 5 科式分类系统 (中国没有丝角蝶总科)，将蝴蝶划分为弄蝶总科 (弄蝶科) 和凤蝶总科 (凤蝶科、粉蝶科、灰蝶科和蛱蝶科)，这与国内过去普遍采用的 12 科系统略有差别，体现在：①过去分类系统的绢蝶科变动为凤蝶科下的绢蝶亚科，锯凤蝶亚科变动为绢蝶亚科锯凤蝶族；②过去分类系统的斑蝶科、环蝶科、眼蝶科、珍蝶科和喙蝶科分别变动为蛱蝶科斑蝶亚科、闪蝶亚科、眼蝶亚科、袖蝶亚科的珍蝶族和喙蝶亚科；③过去分类系统的蚬蝶科变动为灰蝶科蚬蝶亚科。

⊼

拥有羽状触角的天蚕蛾 (蛾类)

⊻

具有锤状触角的猫蛱蝶 (蝴蝶)

## 蝴蝶的生活史

蝴蝶属完全变态 (holometabola) 昆虫，一生需要经历卵 (ovum)、幼虫 (larva)、蛹 (pupa) 和成虫 (imago) 四个发育阶段，前三个发育阶段 (即卵、幼虫和蛹) 常被称为幼期 (early stage)。蝴蝶的卵从离开母体至成虫性成熟为止的发育过程称为生命周期或生活史 (life cycle)，通常这样的一个过程称为一个世代 (generation)。

不同种类或类群的蝴蝶年世代数不尽相同。有一年一世代的种类，即一化 (univoltine)，特点是种群受环境气候小幅度变化的影响较小，但环境气候大幅度变化导致的影响会比较显著；也有一年多世代的种类，即多化 (multivoltine)，通常其年世代数随着平均气温升高而递增，在寄主有保证的前提下种群扩散能力较强，种群数量受环境气候等变化的影响较大。

## 蝴蝶的成虫

和其他昆虫一样，蝴蝶成虫的身体由头部 (head)、胸部 (thorax) 和腹部 (abdomen) 构成。头部顶端具 1 对触角 (antenna)；两侧具 1 对较大的复眼 (compound eye)；下部具虹吸式口器，俗称喙管 (proboscis)，口器的基部处具下唇须 (labial palpus)。胸部分为前胸、中胸和后胸，中胸和后胸各着生 1 对翅，分别称为前翅 (fore wing) 和后翅 (hind wing)；前胸、中胸和后胸各着生 1 对足，称为前足 (fore leg)、中足 (middle leg) 和后足 (hind leg)。腹部包含有蝴蝶大部分的内脏器官，两侧具有呼吸用的气孔 (spiracle)，末端特化为外生殖器 (genitalia)，其骨质化的结构为重要的形态分类依据。

蝴蝶的翅为膜质，由翅脉支撑，翅面覆色彩斑斓的鳞片，不同种类蝴蝶的翅斑纹不同，是重要的分类依据。蝴蝶的翅基本呈三角形，翅边缘分为前缘 (costa)、外缘 (termen) 和内缘 (dorsum)，前缘和外缘形成的角为顶角 (apex 或 anterior angle)，后翅外缘和内缘形成的角为臀角 (tornus 或 anal angle)；许多蝴蝶后翅外缘具尾巴状的突起，称为尾突 (tail)。蝶翅翅脉划分形成区域称为翅室 (cell)，其中两翅基部至中域具 1 个闭合或半闭合的翅室，称为中室 (discal cell，discoidal cell 或 median cell)。

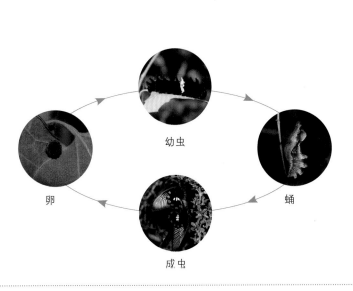

蝴蝶的生活史（红珠凤蝶 Pachliopta aristolochiae）

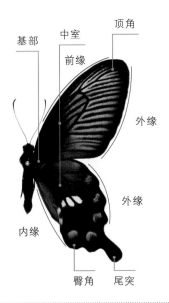

蝶翅的各个部分

## 蝴蝶的卵

　　蝴蝶的卵形状各不相同，有圆形（凤蝶）、半圆形（弄蝶）、纺锤形（粉蝶）、扁圆形（灰蝶）等。蝴蝶的卵表面为卵壳，顶端中央具 1 个凹陷的小孔，称为精孔 (micropyle)，卵受精时精子由精孔进入卵内部。蝴蝶的卵表面既有较为光洁的，也有具纵脊、网纹、凹刻或小突起的。有些蝴蝶的卵表面会覆有雌蝶的分泌物，如裳凤蝶族 Troidini 的大部分种类，有些蝴蝶的卵表面会黏附雌蝶腹部末端的鳞毛，如白弄蝶属 Abraximorpha 等。

　　蝴蝶的卵颜色各异，有红色、黄色、淡黄色、白色、淡绿色甚至紫色。有趣的是，同一颗蝴蝶卵的颜色也会有变化，会随着卵内幼虫的发育而逐渐变色，或者显现出一些独特的斑点或斑纹。卵在孵化前，往往会映射出卵内幼虫的头壳纹或体表的斑纹。

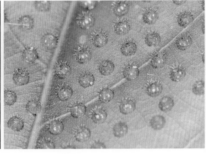

精孔

蝴蝶的卵（亮灰蝶 Lampides boeticus）　　聚产在叶面的卵（翠蛱蝶 Euthalia sp.）　　蝴蝶的卵（耙蛱蝶 Bhagadatta austenia）

刚孵化的初龄幼虫正在取食卵壳（碧凤蝶 Papilio bianor）

　　通常，大部分雌蝶将卵产在寄主植物的植株上，位置选择各有不同，但多数种类选择将卵产于叶面、花苞、嫩芽、休眠芽上，少部分种类产于植物茎干或树皮褶皱内，甚至有些种类产于靠近寄主植物的枯枝或岩石上。每粒卵的底部具有雌蝶的分泌物，能牢固地黏在物体上而不脱落。

　　蝴蝶产卵的形式有单产和聚产之分，有些蝴蝶只选择单产或聚产，有些蝴蝶既选择单产又选择聚产（如黄斑蕉弄蝶 Erionota torus）。在聚产的卵中，有比较特殊的叠罗汉般的方式（如蜘蛱蝶属 Araschnia），甚至犹如串珠状（如耙蛱蝶 Bhagadatta austenia）。

　　卵孵化 (eclosion) 的时间通常受温度影响，少则 4 ～ 5 天，多则 2 周。以卵越夏越冬的种类（如大部分灰蝶科线灰蝶族 Theclini），其卵期可长达 300 天左右。许多种类幼虫孵化后，会将卵壳取食掉，估计是用于补充体内所需的营养。

## 蝴蝶的幼虫

蝴蝶幼虫形态为蝎型或蛞蝓型,躯体分为头部、胸部和腹部。幼虫共有 13 个体节 (somite),胸部有 3 节,腹部有 10 节,表皮较柔软,节间膜具较强的伸缩能力。

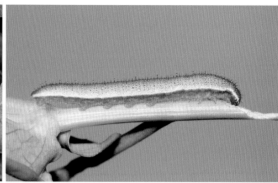

Ⓐ
蛞蝓型幼虫 ( 玛灰蝶 *Mahathala ameria* )

Ⓐ
蝎型幼虫 ( 黄尖襟粉蝶 *Anthocharis scolymus* )

Ⓥ
蝴蝶幼虫的头部结构 ( 黎氏青凤蝶 *Graphium leechi* )

Ⓥ
蝴蝶幼虫的形态 ( 柑橘凤蝶 *Papilio xuthus* )

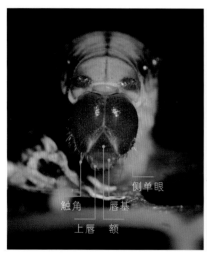

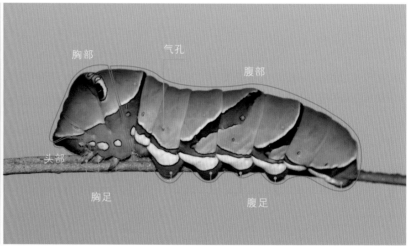

蝴蝶幼虫的头部正面具有倒写的 "Y" 字形槽纹;两侧靠近口器处各具 6 个侧单眼 (stemmata),侧单眼虽无法成像,但可以感光 ;口为下口式,属咀嚼式口器,由唇基、上唇、上颚等构成,其下端具有纺丝器;口器两侧具短小的触角,末节呈刚毛状。

蝴蝶幼虫的头壳由坚硬的几丁质构成,表面光洁,有颗粒状突起或密布细毛,有些类群头部顶端具形状各异的骨质化突起,或具独特的斑纹,是辨识种类或类群的重要特征,即使是同一物种的头壳大小和斑纹也可用于判断幼虫的龄期。

蝴蝶幼虫共有 8 对足,其中胸足 (leg) 有 3 对,腹足 (proleg) 有 5 对。胸足位于胸节,由基节、转节、腿节、胫节、跗节和趾节 ( 爪 ) 构成,是真正的足,蝴蝶成虫的足由幼虫胸足发育而成。腹足位于第 3 ~ 6 腹节以及第 10 腹节,其中第 10 腹节的腹足又称臀足 (anal proleg)。腹足不是真正的足,不分节,由基部和趾组成,基部表面具刚毛,趾无刚毛,但底面具环形、半月形或者马蹄形的足钩 (crochet)。足钩是鳞翅目昆虫幼虫特有的结构,可增强抓地力。

　　蝴蝶幼虫用气管呼吸，气孔是气管在体表的开口，由表皮内陷形成，共有9对，其中胸部第1节两侧具1对，腹部第1～8节两侧各具1对。

　　蝴蝶幼虫体表既有光滑的，也有被毛、肉棘或者坚硬棘刺的。刚孵化的1龄幼虫体表覆有原生刚毛 (primary setae)，往往会随着转龄蜕皮而脱落。

　　蝴蝶幼虫体表的斑纹和色彩变化多端，许多幼虫体色与环境颜色保持一致，多呈绿色或褐色，拟态绿叶、树枝或鸟粪；也有些是取食有毒植物的，其幼虫体色呈鲜艳的警戒色，以使掠食者避而远之；许多凤蝶亚科的大龄幼虫在第3胸节背面具1对眼状斑，而且胸部呈膨大状，拟态小蛇状，称为胸部形态 (thoracic form)。

幼虫取食有毒的萝藦科植物，体色为鲜艳的
警戒色（大绢斑蝶 *Parantica sita*）

体表具棘刺的幼虫（斐豹蛱蝶 *Argyreus hyperbius*）

胸部膨大并具假眼、拟态呈小蛇状的
末龄幼虫（碧凤蝶 *Papilio bianor*）

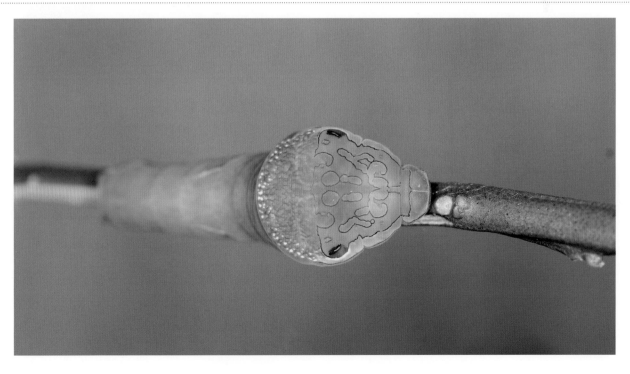

蝴蝶幼虫的头壳和表皮不能随着身体的长大而无限制地扩张，需要通过蜕皮长大。每蜕一次皮，增加一个龄期 (stadium)。蝴蝶幼虫多为 4 龄或 5 龄，少部分种类或者在特殊的环境下能超过 7 龄。同种蝴蝶在不同龄期，其幼虫形态也具有一定差异。蝴蝶幼虫会吃掉柔软而富含营养的蜕皮，但一般不取食坚硬的头壳。

蝴蝶幼虫多栖息于寄主植物的叶面或树枝上，常在其表面做丝垫，依靠足钩将其紧紧抓握住，防止掉落。有些幼虫有做叶巢的习性，如弄蝶、部分蛱蝶和灰蝶幼虫会用寄主叶子做成简单的叶巢并栖息于内，但是它们很爱干净，一般会将粪便排在叶巢之外，这是区分蛾类幼虫叶巢的有效方法之一。此外，许多弄蝶幼虫的肛门处具弹射器，能将粪便弹射得很远。

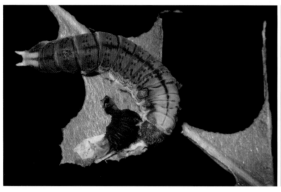

⋀
刚完成蜕皮的幼虫（黎氏青凤蝶 Graphium leechi）

⋀
各龄期幼虫的头壳（共 5 龄）（青凤蝶 Graphium sarpedon）

⋁
幼虫的叶巢（白弄蝶 Abraximorpha davidii）

蝴蝶幼虫主要取食植物的叶、花或果实等部位，也有少部分类群为肉食性（如云灰蝶亚科幼虫取食蚜虫或介壳虫，霾灰蝶属 *Maculinea* 幼虫在蚁穴内捕食蚂蚁幼虫）。蝴蝶幼虫多为寡食性，往往取食特定类群的植物，有些种类甚至具专一食性。许多灰蝶幼虫与蚂蚁保持互利共生 (mutualistic) 的共栖关系，幼虫能通过蜜腺分泌蚂蚁爱吃的蜜露，同时蚂蚁也会保护蝴蝶幼虫免受天敌侵害。

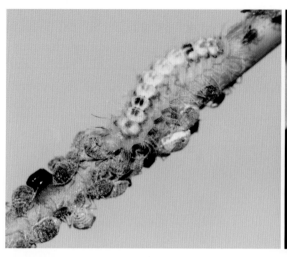

幼虫正在捕食蚜虫（蚜灰蝶 *Taraka hamada*）　　　　幼虫和举尾蚁的共栖关系（杨氏新娜灰蝶 *Zinaspa youngi*）

## 蝴蝶的蛹

蝴蝶的末龄幼虫生长到一定时期后就会停止取食，并排出体内未完全消化的食物以及粪便，爬行到合适的地点后，吐丝将身体固定好，然后进入预蛹状态。此时虫体变为半透明状，这个过程通常需要 1 ~ 4 天，也有的种类是预蛹状态越冬。预蛹后接下来就是化蛹 (pupation)，过程是幼虫先将头壳破碎，蠕动身体逐渐蜕下表皮，崭新而嫩弱的蛹体便显露出来。化蛹 1 ~ 2 天后，蛹体表面硬化定型并着色。

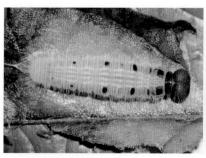

预蛹（纬带趾弄蝶 *Hasora vitta*）　　　刚化蛹（纬带趾弄蝶 *Hasora vitta*）　　　化蛹1天后（纬带趾弄蝶 *Hasora vitta*）

臀棘

腹部
翅区

胸部
头部

蝴蝶的蛹为被蛹 (obtect pupa)，不同于裸蛹 (exarate pupa) 或围蛹 (coarctate pupa)，其特点是蛹体表没有包裹幼虫的蜕皮，翅和附肢附于蛹体，但无法活动，只能通过腹部节间膜的收缩来晃动腹部。蛹的形态结构分为头部、胸部、腹部、翅区以及腹部末端用于附着在丝垫上的臀棘 (cremaster)。

蝴蝶的蛹根据附着方式不同通常分为悬蛹和缢蛹，前者蛹体和外界物体间仅有位于臀棘的1个着丝点，所以蛹是悬吊着的，常见于蛱蝶科的种类；后者除了臀棘处的着丝点外，胸部还套着1圈丝线固定在外界物体上，主要见于凤蝶科、粉蝶科以及大部分灰蝶科的种类。弄蝶科种类在叶巢中化蛹，体表常被有白色蜡质絮状物，可防止叶巢内积水。蝴蝶蛹的形状和颜色变化很大，许多同一种类的蛹具有多种色型。大部分蝴蝶的蛹体色为绿色或褐色，与周边的物体保持一致，从而能够很好地隐藏在环境中，防止被天敌发现。

蝴蝶的蛹结构（黑脉蛱蝶 *Hestina assimilis*）

悬蛹（二尾蛱蝶 *Polyura narcaeus*）　缢蛹（蓝凤蝶 *Papilio protenor*）　叶巢里的蛹（钩型黄斑弄蝶 *Ampittia virgata*）

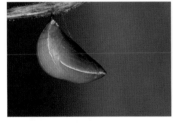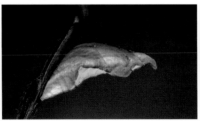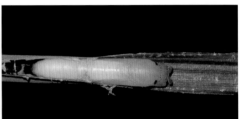

蝴蝶在蛹期间表面上看似保持静止状态，其实体内各个组织及器官在重组并发育。发育的过程或多或少会显现在蛹体表面，特别到了蛹发育末期，蝴蝶复眼的颜色以及翅区上的斑纹就能显现出来，这就告诉我们，蝴蝶即将破蛹而出。蝴蝶从蛹中破壳而出的过程称为羽化 (emergence)。

刚羽化的蝴蝶浑身湿漉漉的，翅膀小且非常娇嫩。接着，蝴蝶会爬行到合适的位置保持静止，并不断地向翅脉中充入血液使得翅膀展开（翅脉由幼虫背血管发育而成），翅膀展开后会逐渐变硬，这时蝴蝶才有飞行的能力。大型蝴蝶的整个羽化过程需要 1～2 h，小型蝴蝶如灰蝶或弄蝶则只需要约 20 min。在羽化过程中，蝴蝶腹部会排出暗红色的排泄物，称为蛹便。

蝴蝶的羽化过程（扬眉线蛱蝶 *Limenitis helmanni*）

# 中国蝴蝶生活史图鉴

## THE LIFE HISTORIES OF CHINESE BUTTERFLIES

# 弄蝶科
## ─ HESPERIIDAE ─

**弄蝶科下有6个亚科, 我国有4个亚科。**

1.Coeliadinae 竖翅弄蝶亚科

2.Pyrginae 花弄蝶亚科

3.Heteropterinae 链弄蝶亚科

4.Hesperiinae 弄蝶亚科

5.Trapezitinae 姹弄蝶亚科（我国无分布）

6.Euschemoninae 缰弄蝶亚科（我国无分布）

弄蝶成虫身体粗大而翅膀相对狭小, 触角基部互相远离, 末端呈钩状。

卵多为半圆形, 常具纵脊, 有些外表覆有雌蝶腹部末端的鳞毛。卵有单产, 也有聚产。

幼虫为蛞型, 头部相对较大, 多呈椭圆形, 花弄蝶亚科下的种类（如白弄蝶、黑边裙弄蝶）头部顶端两侧常呈突起状。弄蝶头部常具各种斑纹或颜色, 有的如同京剧脸谱, 是重要的鉴定特征; 身体表面光洁或者具细毛, 竖翅弄蝶亚科种类体表及头部色彩斑纹绚丽, 非常漂亮, 其他亚科的种类体色多为单一的黄色、黄绿色或白色等。

幼虫有做叶巢的习性, 但不在巢内排便, 可与做叶巢的蛾类幼虫区分。化蛹也在叶巢中, 预蛹期间体表分泌白色蜡质絮状物, 化蛹后覆盖在蛹的表面和叶巢内壁。

蛹体较狭长, 多为纺锤形, 有些种类蛹体表面覆盖有白色蜡质。

寄主偏好: 竖翅弄蝶亚科主要取食双子叶植物纲的蝶形花科、金虎尾科、清风藤科、五加科等植物; 花弄蝶亚科食性较复杂, 主要取食双子叶植物纲的樟科、荨麻科、大戟科、芸香科、蔷薇科、蝶形花科、爵床科、苋科等植物, 也有的类群取食单子叶植物纲的薯蓣科等植物（如黑弄蝶属、裙弄蝶属）; 弄蝶亚科取食单子叶植物纲的禾本科、莎草科、姜科、棕榈科等植物。

## 绿弄蝶
### *Choaspes benjaminii* (Guérin-Méneville)

背 ♂ 腹

　　【成虫】大型弄蝶，体色和翅色呈绿色，后翅臀角处呈橙黄色。【卵】卵半圆形，呈白色，表面具纵脊。【幼虫】末龄幼虫体色呈黑褐色，背部两侧各具1列小蓝点，体节间具黄色环纹，腹部末端呈棕红色；头部圆形，呈橙红色，具4个黑斑，侧单眼区域呈黑色；幼虫的叶巢竖立状，具圆形透气孔。【蛹】蛹近纺锤形，表面覆白色蜡质；头部顶端中央具1个突起，翅区中域具2个黑点，气孔呈黑色。【寄主】寄主为清风藤科羽叶泡花树 *Meliosma oldhamii*（581页）、多花泡花树 *Meliosma myriantha*（581页）、腺毛泡花树 *Meliosma glandulosa*（581页）等。【分布】广布于我国南方地区。

1. 卵
2. 幼虫
3. 幼虫（头部）
4. 幼虫（叶巢）
5. 蛹（侧面）

## 半黄绿弄蝶
### *Choaspes furcatus* Evans

1. 卵　　2. 幼虫　　3. 幼虫（头部）　　4. 幼虫叶巢　　5. 蛹（腹面）　　6. 蛹（侧面）

　　【成虫】大型弄蝶，极近似绿弄蝶，但前翅略短，翅色略偏黄绿色。【卵】卵半圆形，呈白色，表面具纵脊；散产于寄主植物叶面。【幼虫】末龄幼虫体色呈黑褐色，胸背部具白色斑点，背部具 1 列黄斑，两侧各具 1 列浅蓝色斑点，体侧具 1 列黄斑；头部圆形，呈橙红色，背面具 4 个黑斑，侧单眼区域呈黑色；幼虫的叶巢竖立状，具圆形透气孔。【蛹】蛹近纺锤形，表面覆白色蜡质；头部顶端具 1 个小尖突，翅区中域具 1 个黑点。【寄主】寄主为清风藤科清风藤 *Sabia japonica*（581 页）、鄂西清风藤 *Sabia campanulata*（582 页）、柠檬清风藤 *Sabia limoniacea*（582 页）等。【分布】广布于我国南方地区。

## 三斑趾弄蝶
### *Hasora badra* (Moore)

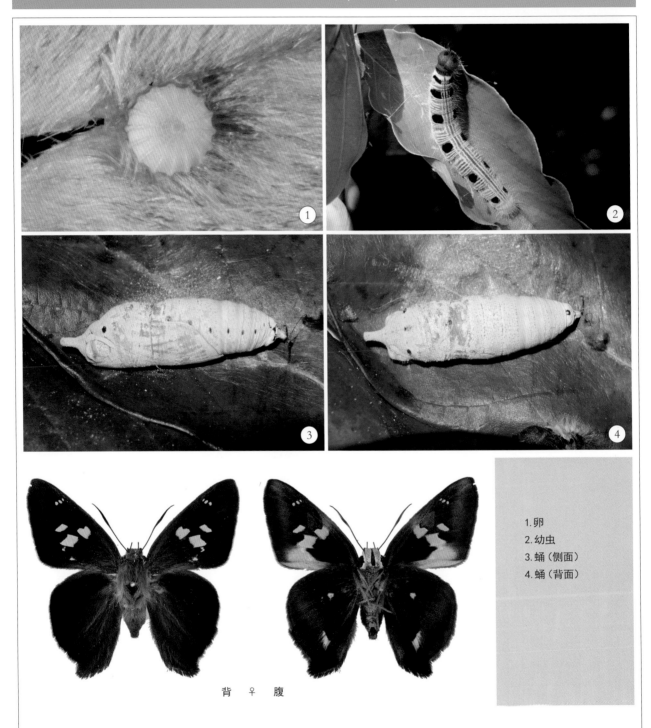

背 ♀ 腹

1.卵
2.幼虫
3.蛹（侧面）
4.蛹（背面）

　　【成虫】大型弄蝶，翅色呈褐色，雄蝶前翅无明显斑纹，雌蝶前翅具黄斑；后翅翅型较狭长，臀角呈向外突起状。【卵】卵近圆形，表面具明显的纵脊，呈淡黄色。【幼虫】末龄幼虫体色呈黄色，体表密布细毛，背部中央具 4 条平行的黄色纵线，各体节具密集的黄色横纹，背部两侧各具 6 个大黑斑；头部圆形，呈暗红色，具 3 个黑斑，侧单眼区域呈黑色。【蛹】蛹近纺锤形，表面覆白色蜡质；头部顶端中央具 1 个较长的突起，胸部背面具 3 个黑斑，腹背部前端和末端各具 1 个黑斑，气孔呈黑色。【寄主】寄主为蝶形花科鱼藤属 *Derris* 植物。【分布】分布于我国华中区南部、华南区和西南区。

## 纬带趾弄蝶
### *Hasora vitta* (Butler)

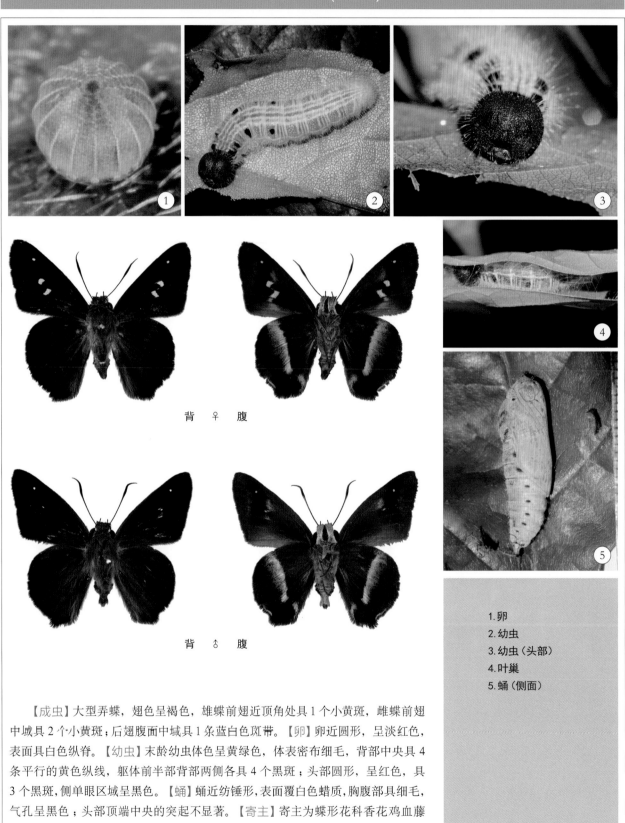

背 ♀ 腹

背 ♂ 腹

1.卵
2.幼虫
3.幼虫（头部）
4.叶巢
5.蛹（侧面）

　　【成虫】大型弄蝶，翅色呈褐色，雄蝶前翅近顶角处具1个小黄斑，雌蝶前翅中域具2个小黄斑；后翅腹面中域具1条蓝白色斑带。【卵】卵近圆形，呈淡红色，表面具白色纵脊。【幼虫】末龄幼虫体色呈黄绿色，体表密布细毛，背部中央具4条平行的黄色纵线，躯体前半部背部两侧各具4个黑斑；头部圆形，呈红色，具3个黑斑，侧单眼区域呈黑色。【蛹】蛹近纺锤形，表面覆白色蜡质，胸腹部具细毛，气孔呈黑色；头部顶端中央的突起不显著。【寄主】寄主为蝶形花科香花鸡血藤 *Callerya dielsiana* (564页)。【分布】分布于我国华中区、华南区和西南区。

# 白伞弄蝶
*Burara gomata* (Moore)

1. 卵
2. 初龄幼虫
3. 末龄幼虫（侧面）
4. 末龄幼虫（背面）
5. 幼虫（头部）
6. 蛹（侧面）

背 ♀ 腹

　　【成虫】中大型弄蝶，体色呈橙黄色，翅背面呈褐色，闪有蓝色光泽，翅室具白色或淡褐色条状斑带；翅腹面呈黑褐色，翅脉和翅室具黄白色条状细纹。【卵】卵扁圆形，呈白色半透明状，表面具纵脊，顶部的精孔区呈褐色；聚产于寄主植物叶背面。【幼虫】初龄幼虫体色呈淡黄褐色，头部呈深褐色。末龄幼虫背面呈黑色，胸部具白色网状斑纹，腹部背面具黄色网状斑纹，体侧呈白色，并具 2 列黑色小斑；头部长圆形，呈深黄色，具 8 个黑斑，侧单眼区域呈黑色。【蛹】蛹近纺锤形，表面覆白色蜡质；头部顶端中央的突起较小，头部和胸部背面散布许多黑点，腹背部两侧各具 1 列小黑斑；气孔呈淡褐色。【寄主】寄主为五加科鹅掌柴 *Schefflera heptaphylla*（582 页）。【分布】分布于我国华中区、华南区和西南区。

# 橙翅伞弄蝶
*Burara jaina* (Moore)

背 ♀ 腹

背 ♂ 腹

【成虫】大型弄蝶，翅色呈褐色，雄蝶前翅背面具黑色性标，后翅腹面翅脉以及缘毛呈橙红色。【卵】卵扁圆形，表面具纵脊，刚产下的卵呈黄白色，发育后逐渐出现红色斑纹。【幼虫】初龄幼虫体色呈淡黄褐色，体侧具棕褐色斑，头部呈淡橙黄色；末龄幼虫体色呈黑色，体表具细毛，背部中央具2条蓝色纵线，两侧具黄色小斑，第11体节背部具1对橙红色斑，头部呈黑色，具红色带纹，表面密布淡褐色细毛。【蛹】蛹近纺锤形，呈淡褐色，表面覆白色蜡质，胸腹部两侧各具1列黑色小点；头部顶端中央具1个小突起。【寄主】寄主为金虎尾科风筝果 *Hiptage benghalensis*（555页）。【分布】分布于我国华中区南部、华南区和西南区。

1. 卵（刚产下）
2. 卵（发育后）
3. 初龄幼虫
4. 末龄幼虫
5. 蛹（侧面）

## 斑星弄蝶
### *Celaenorrhinus maculosus* (C. & R. Felder)

背 ♀ 腹

1. 卵
2. 初龄幼虫
3. 幼虫（头部）
4. 末龄幼虫
5. 蛹（侧面）
6. 蛹（背面）

　　【成虫】中型弄蝶，翅色呈黑褐色，前翅具许多大小不等的白斑，后翅散布黄色斑点；翅腹面基部具放射状黄色细纹。【卵】卵扁圆形，呈黄白色，表面具纵脊；雌蝶将卵产于寄主植物根部附近的枯枝上。【幼虫】初龄幼虫体色呈黄绿色，头部呈黑色；末龄幼虫体色呈黄绿色半透明状，背部两侧各具1条白色细线，头部呈黑色，顶端中央略凹。【蛹】蛹纺锤形，头部顶端中央具1个黑色的小突起；体色呈白色至淡黄绿色，中胸前端具1对小黑点。【寄主】寄主为荨麻科长柄冷水花 *Pilea angulata*（573页）等。【分布】分布于我国华中区。

## 大襟弄蝶
### *Pseudocoladenia dea decora* (Evans)

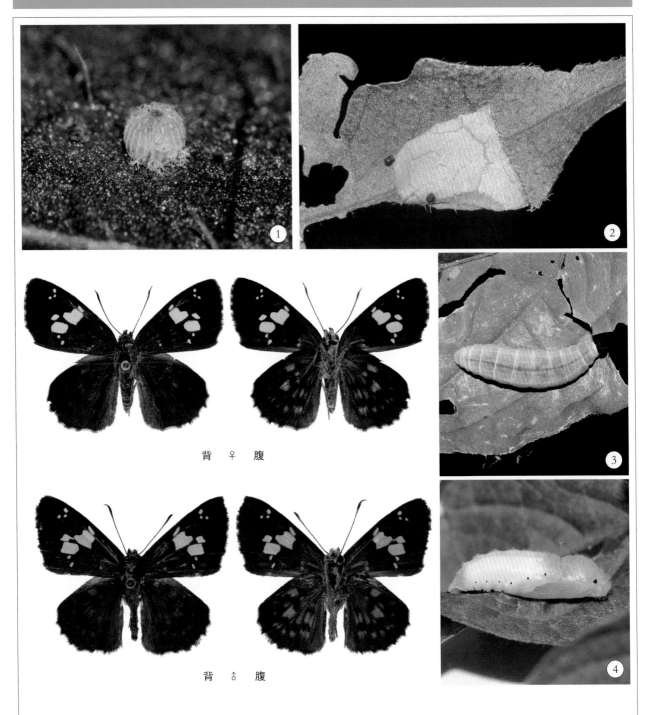

背 ♀ 腹

背 ♂ 腹

【成虫】中型弄蝶，翅色呈黄褐色，雄蝶前翅具淡黄色半透明斑纹，雌蝶前翅具白色半透明状斑纹；后翅背面具黑色斑点，腹面具许多黄色斑点。【卵】卵近圆形，呈粉白色，表面具明显的纵脊。【幼虫】幼虫体色呈黄白色半透明状，背部两侧各具 1 条白色细线；头部呈黑色；幼虫叶巢结构较简单，折叶而成。【蛹】蛹纺锤形，头部较平；体表被有细毛，呈黄白色至淡黄绿色，气孔呈黑色。【寄主】寄主为苋科牛膝 *Achyranthes bidentata*（554 页）。【分布】分布于我国华中区。

1. 卵
2. 幼虫叶巢
3. 末龄幼虫
4. 蛹（侧面）

## 明窗弄蝶
*Coladenia agnioides* Elwes & Edwards

背 ♂ 腹

【成虫】中型弄蝶，翅色呈褐色，前翅中域至亚顶角区具数个半透明白斑，后翅中域具数个黑色斑。【幼虫】末龄幼虫体表具细毛，体色呈半透明状黄绿色，密布黄色颗粒状斑点；头部呈红棕色，表面具细毛；幼虫叶巢扁平状，背面叶片外缘波状，底面叶片具许多透气小孔。【蛹】蛹为扁平的纺锤形，表面具细毛；体色呈橙红色，密布黄色颗粒状小斑；头部较扁，顶端中央具 1 个不很明显的突起。【寄主】寄主为蔷薇科台湾枇杷 *Eriobotrya deflexa*（557 页）。【分布】分布于我国华中区南部、华南区和西南区。

1. 末龄幼虫（背面）
2. 末龄幼虫（侧面）
3. 蛹（侧面）
4. 蛹（背面）
5. 幼虫叶巢

## 密纹飒弄蝶
### *Satarupa monbeigi* Oberthür

背 ♂ 腹

【成虫】大型弄蝶，翅色呈黑褐色，前翅亚顶角和中域具许多白色半透明斑，后翅中域具 1 个较人的白斑，其外侧的黑斑列与黑色的翅区融为一体。【卵】卵半圆形，呈棕红色，表面具纵脊；聚产于寄主植物叶尖端。【幼虫】幼虫体色呈淡黄褐色，体表具黄色斑纹，气孔呈黑色；头部呈黑色。【蛹】蛹纺锤形，蛹体表面覆有白色蜡质，腹背面具棕红色斑带，腹部侧面具黑斑。【寄主】寄主为芸香科吴茱萸 *Tetradium ruticarpum*（578 页）、椿叶花椒 *Zanthoxylum ailanthoides*（577 页）等。【分布】分布于我国华北区、华中区和西南区。

1. 卵
2. 低龄幼虫
3. 末龄幼虫
4. 蛹
5. 幼虫叶巢

## 中华捷弄蝶
### *Gerosis sinica* (C. & R. Felder)

背　♀　腹

【成虫】中型弄蝶，翅色呈黑褐色，前翅亚顶角至中域具小白斑，后翅中域具1条宽阔额白斑，其外侧具1列不显著的黑斑。【卵】卵近圆形，表面具明显的白色纵脊；刚产下的卵呈白色，发育后变为橙黄色。【幼虫】末龄幼虫体色呈白色，头部呈黑色并布满颗粒状小白点。【蛹】蛹纺锤形，头部顶端中央具很小的尖突；体色呈绿色半透明状，无明显斑纹，气孔呈淡褐色。【寄主】寄主为蝶形花科香港黄檀 *Dalbergia millettii*（565页）等。【分布】分布于我国华中区、华南区和西南区。

1. 卵（刚产下）
2. 卵（发育中）
3. 幼虫
4. 幼虫（头部）
5. 蛹

## 白弄蝶
*Abraximorpha davidii* (Mabille)

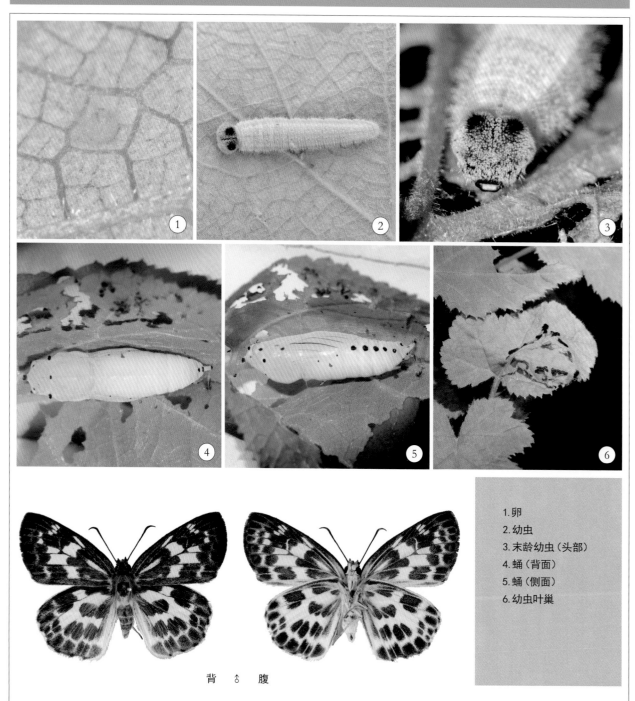

1. 卵
2. 幼虫
3. 末龄幼虫（头部）
4. 蛹（背面）
5. 蛹（侧面）
6. 幼虫叶巢

背 ♂ 腹

　　【成虫】中型弄蝶，胸背部呈黄褐色，翅色呈白色，具灰黑色斑纹。【卵】卵表面覆有雌蝶腹部末端的淡褐色毛；散产于寄主植物叶背面。【幼虫】幼虫体表具细毛，体色呈半透明状黄绿色，密布白色颗粒状斑点；头部表面密布灰白色细毛，顶端具1对黑色毛簇；幼虫叶巢扁平状，外侧具许多椭圆形透气孔。【蛹】蛹纺锤形，表面具细毛，头部顶端中央具1个黑色小突起；体色呈白色，头部和中胸前端具数个黑点，翅区的翅脉呈黑色，腹部侧面具黑色斑点。【寄主】寄主为蔷薇科粗叶悬钩子 *Rubus alceifolius*（556页）、高粱泡 *Rubus lambertianus*（556页）、木莓 *Rubus swinhoei*（556页）、山莓 *Rubus corchorifolius*（556页）等。【分布】广布于我国南方地区。

# 毛脉弄蝶
## *Mooreana trichoneura* (C. & R. Felder)

背 ♂ 腹

1.卵
2.2龄幼虫
3.末龄幼虫
4.蛹

　【成虫】中型弄蝶，翅色呈褐色，翅脉呈淡褐色，前翅中域外侧具 10 余个小白斑，后翅下部呈黄色，雌雄同型。【卵】卵扁圆形，呈白色，表面具纵脊，表面覆有雌蝶腹部末端的鳞毛。【幼虫】低龄幼虫体色呈白色，头部呈黑色；末龄幼虫体色呈黄褐色，密布淡黄色小点，头部呈棕褐色。【蛹】蛹近纺锤形，头部和腹部末端均具 1 个小突起，胸背部具较短的细毛；体色呈淡黄色。【寄主】寄主为大戟科毛桐 *Mallotus barbatus*（555 页）等。【分布】分布于我国华南区和西南区。

# 黑弄蝶
## *Daimio tethys* (Ménétriés)

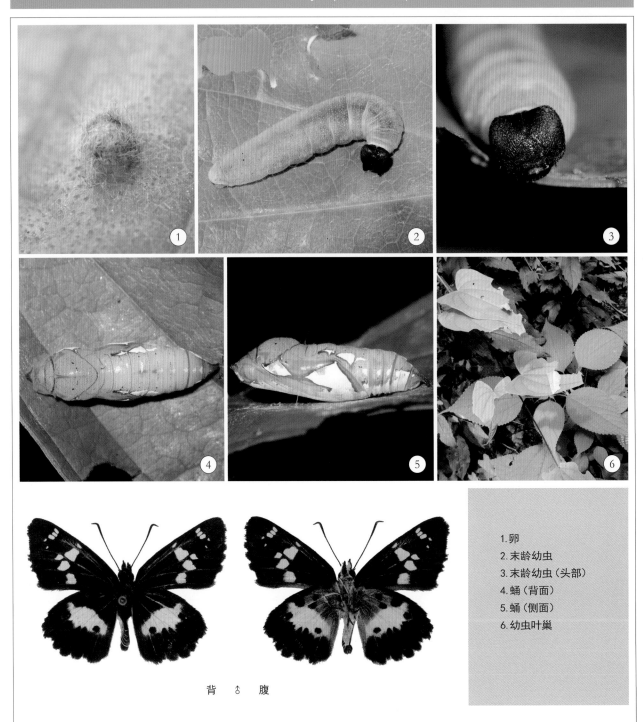

1. 卵
2. 末龄幼虫
3. 末龄幼虫（头部）
4. 蛹（背面）
5. 蛹（侧面）
6. 幼虫叶巢

背 ♂ 腹

　　【成虫】中型弄蝶，翅色呈黑褐色，前翅中域至亚顶角具数个大小不等的白斑，后翅中域具 1 个大白斑，其外侧具数个小黑斑。【卵】卵扁圆形，呈淡褐色，表面覆有雌蝶腹部末端的淡褐色鳞毛。【幼虫】低龄幼虫头部呈黑色；末龄幼虫体色呈淡黄绿色，布满白色小点；头部呈棕红色，顶端中央略呈凹入状。【蛹】蛹纺锤形，头部中央具 1 个小突起；体色呈淡褐色，翅区以及腹部侧面具白色斑纹。【寄主】寄主为薯蓣科日本薯蓣 *Dioscorea japonica*（592 页）、穿龙薯蓣 *Discorea nipponica*（592 页）等。【分布】分布于我国东北区、华北区、华中区和西南区。

# 黑边裙弄蝶
## *Tagiades menaka* (Moore)

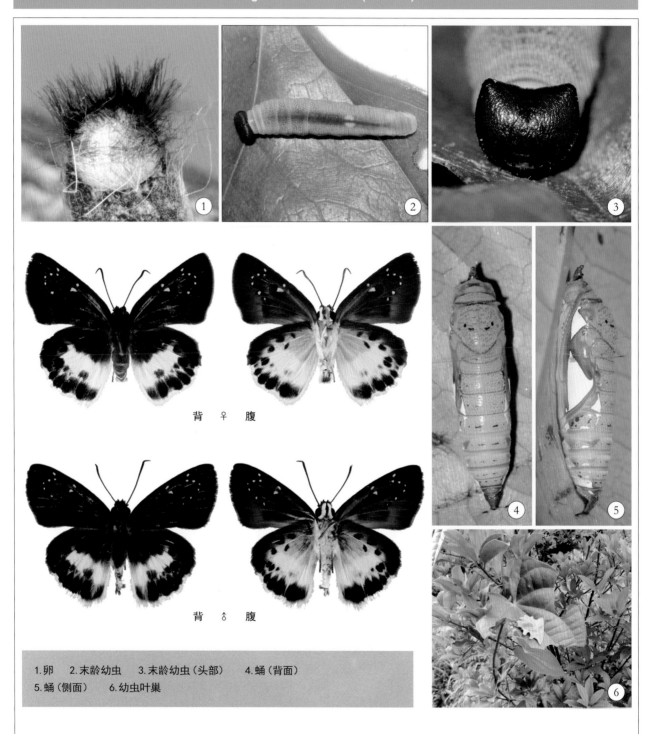

背 ♀ 腹

背 ♂ 腹

1.卵　2.末龄幼虫　3.末龄幼虫（头部）　4.蛹（背面）
5.蛹（侧面）　6.幼虫叶巢

　　【成虫】中型弄蝶，翅色呈黑褐色，前翅近顶角具许多小白点，后翅中部具白色斑带，外缘和亚外缘各具1列黑色斑点。【卵】卵扁圆形，呈淡黄褐色，表面覆有雌蝶腹部末端的黑褐色鳞毛。【幼虫】末龄幼虫体表光洁，体色呈白色半透明状，布有白色或淡黄色颗粒状斑点；头部呈棕红色，顶端两侧稍突出；叶巢扁平状，背面叶片外缘波状，无透气小孔。【蛹】蛹纺锤形，头部顶端中央具1个细长的小突起；体色呈淡褐色，胸腹部具许多褐色小凹刻，翅区具2块三角形白斑。【寄主】寄主为薯蓣科薯蓣属 *Dioscorea* sp. 植物。【分布】分布于我国华中区、华南区和西南区。

# 花弄蝶
## *Pyrgus maculatus* (Bremer & Grey)

背 ♀ 腹

背 ♂ 腹

【成虫】中小型弄蝶，翅背面呈黑褐色，布满白色小斑；翅腹面呈棕褐色或棕红色。【卵】卵扁圆形，表面具纵脊，呈淡黄色。【幼虫】末龄幼虫体色呈黄绿色，体表密布黄色颗粒状小斑点和细毛；头部圆形，呈深棕褐色。【蛹】蛹纺锤形，头部圆润；体色呈褐色并密布白色细毛，体表覆有白色蜡质。【寄主】寄主为蔷薇科龙牙菜 *Agrimonia pilosa* （560页）、蛇含委陵菜 *Potentiua kleiniana* 等。【分布】分布于我国华北区、东北区、华中区和西南区。

1. 卵
2. 幼虫
3. 蛹（背面）
4. 蛹（侧面）

## 钩形黄斑弄蝶
### *Ampittia virgata* (Leech)

背 ♀ 腹

背 ♂ 腹

【成虫】中小型弄蝶，翅背面呈黑褐色，前翅前缘和中域具黄色斑；翅腹面呈黄色，具黑色斑带和斑纹。【卵】卵半圆形，呈黄白色，表面具纵脊。【幼虫】末龄幼虫体色呈黄绿色，气孔呈黑色；头部圆形，呈黄褐色，具1对黑色小圆斑。【蛹】蛹纺锤形，头部顶端具耳状突起；体色呈黄白色。【寄主】寄主为禾本科芒 *Miscanthus sinesis*（595页）。【分布】分布于我国华中区、华南区和西南区。

1. 卵
2. 幼虫（头部）
3. 幼虫
4. 蛹（背面）

# 黄斑弄蝶
## *Ampittia dioscorides* (Fabricius)

背 ♀ 腹

背 ♂ 腹

【成虫】小型弄蝶，翅背面呈黑褐色，雄蝶前翅前缘至中域呈黄色，后翅中域外侧具黄斑；雌蝶黄斑不及雄蝶发达。【卵】卵半圆形，呈白色至黄白色，表面具纵脊。【幼虫】低龄幼虫体色呈黄绿色，头部呈褐色，具淡褐色纵纹；末龄幼虫体色呈黄绿色，背部具黄白色纵带；头部呈淡褐色，具红褐色斑带。【蛹】蛹纺锤形，头部较圆润，末端具1对小突起；体色呈淡绿色，腹背部呈黄绿色。【寄主】寄主为禾本科李氏禾 *Leersia hexandra*（596 页）。【分布】分布于我国华中区、华南区和西南区。

1. 卵
2. 低龄幼虫
3. 末龄幼虫
4. 蛹

## 花裙陀弄蝶
### *Thoressa submacula* (Leech)

背 ♂ 腹

【成虫】中型弄蝶，翅背面呈黑褐色，前翅具 6～7 个小黄斑，中室斑相连，后翅具 3 个小斑；翅腹面具发达的淡黄色斑。【幼虫】初龄幼虫体色呈淡绿色，头部呈黑色；末龄幼虫体色呈灰绿色，前胸背部具 1 对黑色小斑，腹部末端具 2 个黑色椭圆斑，头部密布刻纹，呈黑色。【蛹】蛹纺锤形，头部较圆润；体色呈淡褐色，中胸前缘的侧面具 1 个深褐色斑，胸背部和腹背部密布褐色细毛。【寄主】寄主为禾本科（竹亚科）阔叶箬竹 *Indocalamus latifolius*（598页）。【分布】分布于我国华中区、华南区和西南区。

1. 初龄幼虫
2. 末龄幼虫
3. 蛹（侧面）
4. 蛹（腹面）
5. 幼虫（头部）

## 旖弄蝶
### *Isoteinon lamprospilus* Felder & Felder

背　♀　腹

1. 卵　　2. 幼虫　　3. 蛹

　　【成虫】中型弄蝶，翅色呈褐色，前翅中域具 7 个大小不等的白色斑，后翅腹面中域具 9 个白斑。【卵】卵呈淡黄色，表面光洁；散产于寄主植物叶面。【幼虫】末龄幼虫体色呈黄绿色，头部呈黑色，并具宽阔的黄褐色斑带。【蛹】蛹纺锤形，头部较圆润；体色呈深褐色，翅区呈淡褐色。【寄主】寄主为禾本科五节芒 *Miscanthus floridulus* （595 页）、芒 *Miscanthus sinesis* （595 页）。【分布】分布于我国华中区、华南区和西南区。

## 曲纹袖弄蝶
### *Notocrypta curvifascia* (Felder & Felder)

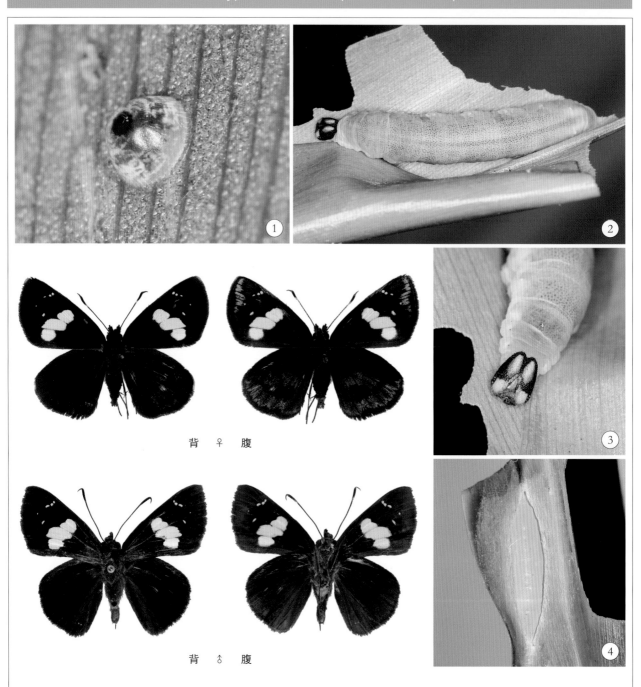

背 ♀ 腹

背 ♂ 腹

【成虫】中型弄蝶，翅色呈黑褐色，前翅中域具 1 条白色斜带，亚顶角区具数个小白点。【卵】卵为较扁的半圆形，表面具纵脊，卵呈白色并伴有深红色斑。【幼虫】初龄幼虫体色呈黄色，头部呈黑色；末龄幼虫体色呈淡黄绿色，头部呈深棕色并具淡黄色斑带。【蛹】蛹纺锤形，体色呈浅绿色，无明显斑纹。【寄主】寄主为姜科姜 *Zingiber officinale*（591 页）、襄荷 *Zingiber mioga*（591 页）、山姜 *Alpinia japonica*（591 页）等。【分布】分布于我国华中区、华南区和西南区。

1. 卵
2. 末龄幼虫
3. 幼虫（头部）
4. 蛹

## 姜弄蝶
### *Udaspes folus* (Cramer)

背 ♂ 腹

1.卵　　2.幼虫　　3.蛹

　　【成虫】中型弄蝶，翅色呈黑褐色，前翅具数个白斑，后翅中域具1个不规则的白斑。【卵】卵为较扁的半圆形，呈棕红色，表面具白色云纹。【幼虫】末龄幼虫体表光洁，体色呈黄绿色半透明状，头部呈黑色。【蛹】蛹纺锤形，两头尖，体色呈黄绿色。【寄主】寄主为姜科姜 *Zingiber officinale*（591页）、姜花 *Hedychium coronarium* 等。【分布】分布于我国华中区、华南区和西南区。

素弄蝶
*Suastus gremius* (Fabricius)

背 ♀ 腹

1.卵
2.初龄幼虫
3.末龄幼虫
4.蛹（侧面）

　　【成虫】中小型弄蝶，翅色呈褐色，前翅通常约具 6 个白色小斑，后翅腹面中域具数个小黑点。【卵】卵半圆形，呈棕红色，具白色纵脊。【幼虫】初龄幼虫体色呈红色，2 龄起颜色逐渐转向黄绿色；末龄幼虫体色呈黄绿色，背部中央具 1 条深绿色纵线，头部呈灰白色并具深褐色斑纹。【蛹】蛹纺锤形，头部较圆润，体色呈黄绿色，体表覆有白色蜡质。【寄主】寄主为棕榈科棕竹 *Rhapis excels*（593页）等。【分布】主要分布于我国华南区和西南区。

## 黄裳肿脉弄蝶
### *Zographetus satwa* (de Nicéville)

背　♀　腹

【成虫】中型弄蝶，翅背面呈褐色，前翅中域具 7～8 个黄白色小斑；翅腹面前翅前缘以及后翅基半部区域呈黄色，黑色斑纹在不同角度呈淡紫色。【卵】卵扁圆形，呈棕红色，顶部精孔区较大，侧面具纵脊，形如倒扣的碗。【幼虫】初龄幼虫体色呈鲜红色，末龄幼虫体色呈黑褐色，头部呈黑色并密布白色小点。【蛹】蛹近纺锤形，呈黄褐色，表面覆有白色腊絮。【寄主】寄主为苏木科龙须藤 *Bauhinia championi*（562 页）。【分布】分布于我国华南区和西南区。

1. 卵
2. 初龄幼虫
3. 3龄幼虫
4. 末龄幼虫
5. 蛹

## 黄斑蕉弄蝶
### *Erionota torus* Evans

1. 卵
2. 末龄幼虫
3. 幼虫叶巢
4. 蛹（腹面）

背 ♀ 腹

　　【成虫】大型弄蝶，翅色呈黄褐色，前翅中域具 3 个黄色斑纹，后翅无斑纹；复眼呈红色。【卵】卵半圆形，具纵脊；刚产下的卵呈淡黄色，发育阶段呈暗红色；单产或聚产。【幼虫】末龄幼虫较大，体长能超过 50 mm，体表具细毛并覆有白色蜡质，头部呈黑色，栖息于卷叶状的叶巢中。【蛹】蛹长条形，两头圆润，体色呈黄白色，体表覆有白色蜡质；口器与蛹体长度相当，末端露于蛹体外。【寄主】寄主为芭蕉科芭蕉 *Musa basjoo*（590 页）。【分布】分布于我国华中区、华南区和西南区。

## 白斑蕉弄蝶
### *Erionota grandis* (Leech)

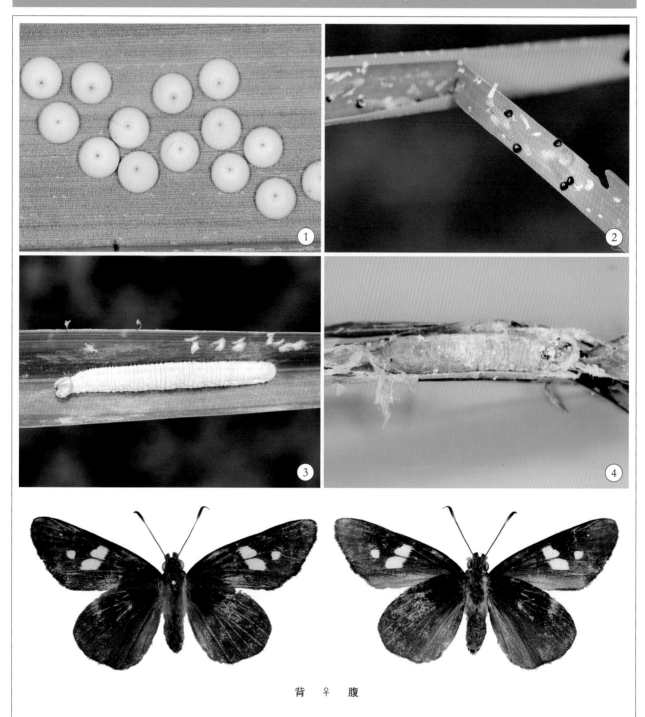

背 ♀ 腹

　　【成虫】中大型弄蝶,翅色呈褐色,前翅中域具 3 个白斑。【卵】卵半圆形,纵脊不显著,呈白色,精孔区呈淡红色;聚产。【幼虫】初龄幼虫体色呈黄色,头部呈黑色,集聚于叶巢中;末龄幼虫体表覆有白色蜡质。【蛹】蛹长条形,两头圆润,呈淡黄褐色,体表覆有白色蜡质。【寄主】寄主为棕榈科棕榈 *Trachycarpus fortunei*(593 页)。【分布】分布于我国华中区、华南区和西南区。

1. 卵
2. 初龄幼虫
3. 末龄幼虫
4. 蛹

## 断纹黄室弄蝶
### *Potanthus trachala* (Mabille)

背 ♂ 腹

【成虫】中型弄蝶，翅背面底色呈黑色，前翅中室至前缘以及亚外缘具橙黄色斑带，后翅近基部具2个小黄斑，中域外侧具1条橙黄色宽带。【幼虫】末龄幼虫体色呈淡黄绿色，体节具横向环纹；头部呈黄白色，外侧呈黑色，中域具褐色或棕红色斑带。【蛹】蛹近纺锤形，头部圆润；体色呈淡黄色，头尾部颜色较深，胸背部具淡褐色细毛。【寄主】寄主为禾本科五节芒 *Miscanthus floridulus*（595页）、芒 *Miscanthus sinesis*（595页）。【分布】分布于我国华中区、华南区和西南区。

1. 幼虫
2. 幼虫（头部）
3. 蛹（侧面）
4. 蛹（腹面）
5. 幼虫叶巢

# 黄纹长标弄蝶
## *Telicota ohara* (Plötz)

背 ♀ 腹

背 ♂ 腹

1. 卵
2. 幼虫
3. 幼虫（头部）
4. 蛹（侧面）
5. 蛹（腹面）

　　【成虫】中型弄蝶，翅色呈橙黄色，具黑色斑纹；雄蝶前翅中域黑色斑带的中央具纤细的性标。【卵】卵半圆形，呈白色。【幼虫】末龄幼虫体表光洁，具半透明细毛，体色呈黄绿色，每个体节背面具浅绿色横纹；头部呈黑色，近顶部具褐色椭圆形斑。【蛹】蛹纺锤形，头部较圆钝；体色呈褐色，腹部颜色较浅，体表覆有白色蜡质。【寄主】寄主为禾本科棕叶狗尾草 *Setaria palmifolia*（597页）。【分布】分布于我国华中区、华南区和西南区。

## 竹长标弄蝶
### *Telicota bambusae* (Moore)

背 ♀ 腹

背 ♂ 腹

1. 卵
2. 初龄幼虫
3. 末龄幼虫
4. 幼虫（头部）
5. 蛹

　　【成虫】中型弄蝶，翅色呈橙黄色，具黑色斑纹，雄蝶前翅中域黑色斑带中央具较粗的性标。【卵】卵半圆形，刚产下的卵呈黄白色，发育后表面具粉色小点。【幼虫】初龄幼虫体色呈黄色，头部呈黑色；末龄幼虫体表光洁，体色呈黄绿色半透明状；头部呈黄褐色，顶端中域呈褐色。【蛹】蛹纺锤形，头部较圆钝，体色呈褐色，体表覆有白色蜡质。【寄主】寄主为禾本科孝顺竹 *Bambusa multiplex*（598页）以及刚竹属 *Phyllostachys* 植物。【分布】分布于我国华中区、华南区和西南区。

## 黑脉长标弄蝶
### *Telicota besta* Evans

1.卵
2.2龄幼虫
3.末龄幼虫
4.蛹

背 ♂ 腹

【成虫】中型弄蝶，翅色呈橙黄色，具黑色斑纹，雄蝶前翅中域黑色斑带内侧具性标。【卵】卵半圆形，呈黄白色。【幼虫】低龄幼虫头部呈黑色；末龄幼虫体色呈黄绿色，腹部末端具1个黑色斑，头部呈淡棕褐色，中域和外缘呈黑色。【蛹】蛹纺锤形，头部圆润，体色呈黄褐色，表面具白色蜡质絮状物。【寄主】寄主为禾本科五节芒 *Miscanthus floridulus*（595页）。【分布】分布于我国华南区和西南区。

## 豹弄蝶
### *Thymelicus leoninus* (Butler)

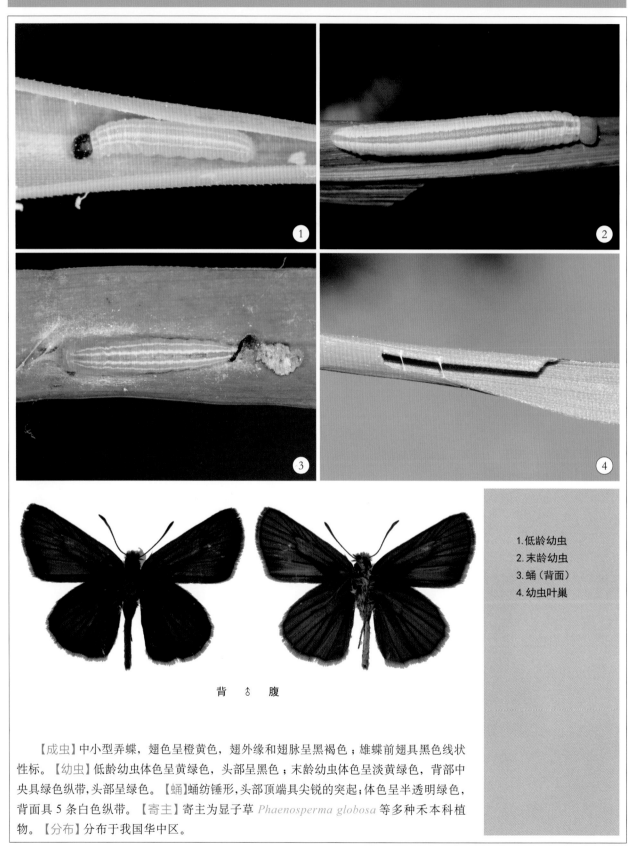

背　♂　腹

1. 低龄幼虫
2. 末龄幼虫
3. 蛹（背面）
4. 幼虫叶巢

　　【成虫】中小型弄蝶，翅色呈橙黄色，翅外缘和翅脉呈黑褐色；雄蝶前翅具黑色线状性标。【幼虫】低龄幼虫体色呈黄绿色，头部呈黑色；末龄幼虫体色呈淡黄绿色，背部中央具绿色纵带，头部呈绿色。【蛹】蛹纺锤形，头部顶端具尖锐的突起；体色呈半透明绿色，背面具 5 条白色纵带。【寄主】寄主为显子草 *Phaenosperma globosa* 等多种禾本科植物。【分布】分布于我国华中区。

## 直纹稻弄蝶
### *Parnara guttata* (Bremer & Grey)

背　♀　腹

1.卵
2.末龄幼虫
3.幼虫（头部）
4.蛹（侧面）

【成虫】中小型弄蝶，触角较短，全翅呈褐色，前翅具 6～8 个小白斑，后翅中域具 4 个呈直线排列的小白斑。【卵】卵半圆形，呈黄白色。【幼虫】末龄幼虫体色呈黄绿色，体表密布暗绿色斑点，背部中央具暗绿色纵线，体侧具数条淡黄绿色斑带；幼虫头部呈淡褐色，具褐色斑带。【蛹】蛹纺锤形，头部圆润，体色呈淡褐色。【寄主】寄主为禾本科李氏禾 *Leersia hexandra*（596页）、芒 *Miscanthus sinesis*（595页）、菰茭白 *Zizania latifolia* 等。【分布】分布于我国华北区、东北区、华中区、华南区和西南区。

## 黎氏刺胫弄蝶
### *Baoris leechii* Elwes & Edwards

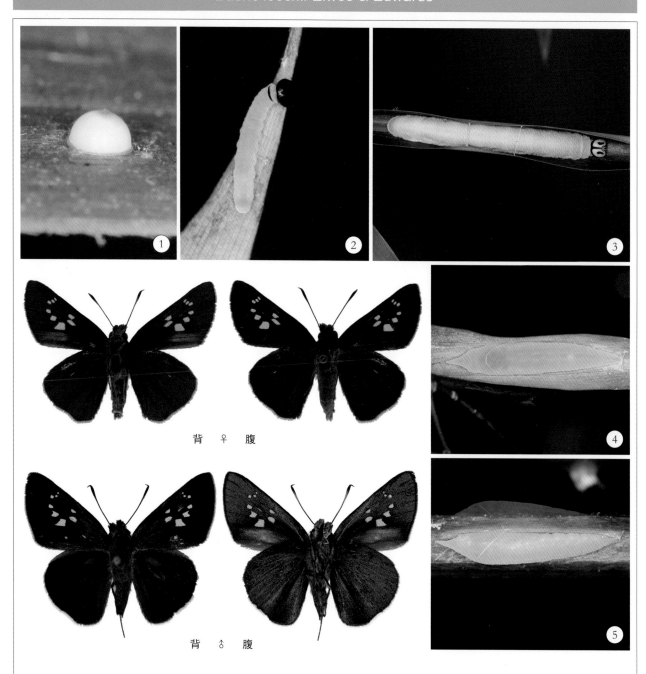

背 ♀ 腹

背 ♂ 腹

【成虫】中型弄蝶，翅背面呈褐色，前翅具数个白色斑点，后翅无斑纹，翅腹面呈黄褐色；雄蝶后翅中域具毛刷状性标。【卵】卵半圆形，呈白色至黄白色，表面光洁；散产于寄主植物叶面。【幼虫】初龄幼虫体色呈黄色，头部呈黑色；末龄幼虫体色呈黄绿色，头部呈黄白色，中央具1对变异幅度较大的黑色斑。【蛹】蛹纺锤形，头部顶端突起细而尖；体色呈半透明绿色，随着蛹的发育，其腹背部逐渐显现出白色细纵纹。【寄主】寄主为禾本科阔叶箬竹 *Indocalamus latifolius*（598页）以及多种刚竹属 *Phyllostachys* 植物。【分布】分布于我国华中区。

1. 卵
2. 初龄幼虫
3. 末龄幼虫
4. 蛹（背面）
5. 蛹（侧面）

## 隐纹谷弄蝶
### *Pelopidas mathias* (Fabricius)

背 ♀ 腹

背 ♂ 腹

【成虫】中型弄蝶，翅色呈褐色，雄蝶前翅中室斑的连线与性标相交（可与近似种南亚谷弄蝶区分）；后翅腹面中室内具 1 小白斑，其外侧具弧形排列的白斑列。【卵】卵半圆形，呈淡绿色；散产于寄主植物叶面。【幼虫】初龄幼虫体色呈淡黄色，前胸背面具 1 条黑色细带，头部呈黑色；末龄幼虫体色呈黄绿色，背部呈绿色，头部呈淡绿色，两侧具红棕色宽带，且宽带外缘镶有白色细边。【蛹】蛹纺锤形，头部顶端具尖锐的突起；体色呈淡绿色，背面具 4 条平行的白色纵线。【寄主】寄主为禾本科白茅 *Imperata cylindrical*（595 页）、牛筋草 *Eleusine indica*（596 页）、狗尾草 *Setaria viridis*（598 页）、玉米 *Zea mays*（594 页）、苏丹草 *Sorghum sudanense*（594 页）等。【分布】分布于我国华北区、东北区、华中区、华南区和西南区。

1. 卵
2. 末龄幼虫
3. 幼虫（头部）
4. 蛹（侧面）
5. 蛹（背面）

# 放踵珂弄蝶
## *Caltoris cahira* (Moore)

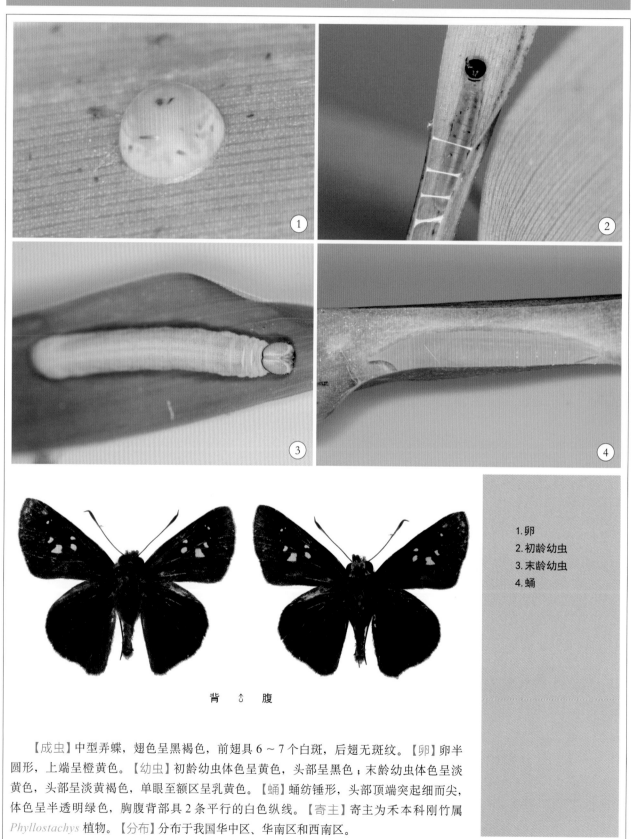

1.卵
2.初龄幼虫
3.末龄幼虫
4.蛹

背 ↕ 腹

　　【成虫】中型弄蝶，翅色呈黑褐色，前翅具 6～7 个白斑，后翅无斑纹。【卵】卵半圆形，上端呈橙黄色。【幼虫】初龄幼虫体色呈黄色，头部呈黑色；末龄幼虫体色呈淡黄色，头部呈淡黄褐色，单眼至额区呈乳黄色。【蛹】蛹纺锤形，头部顶端突起细而尖，体色呈半透明绿色，胸腹背部具 2 条平行的白色纵线。【寄主】寄主为禾本科刚竹属 *Phyllostachys* 植物。【分布】分布于我国华中区、华南区和西南区。

## 黑标孔弄蝶
### *Polytremis mencia* (Moore)

背 ♀ 腹

背 ♂ 腹

1.卵
2.末龄幼虫
3.蛹（背面）

　　【成虫】中型弄蝶，翅背面呈深褐色，腹面呈黄褐色；前翅中域具 7 ～ 8 个小白斑，雄蝶具淡黄色线状性标，后翅具 4 个排成 1 列的小白斑。【卵】卵半圆形，呈黄白色。【幼虫】末龄幼虫体色呈淡黄绿色，背部区域呈绿色，无明显斑纹；头部外围呈深褐色，中域呈黄白色，单眼至额区呈黄色。【蛹】蛹纺锤形，呈绿色，头部顶端具 1 个尖锐突起，腹部背面具 2 条较细的白色纵线。【寄主】寄主为禾本科（竹亚科）阔叶箬竹 *Indocalamus latifolius*（598 页）及多种刚竹属 *phyllostachys* 植物。【分布】分布于我国华中区。

## 白缨孔弄蝶
### *Polytremis fukia* (Evans)

背 ♂ 腹

1. 卵
2. 末龄幼虫
3. 幼虫（头部）
4. 蛹（背面）

　　【成虫】中型弄蝶，翅背面呈黑褐色，腹面具黄褐色和白色鳞片，前翅中域具9～10个小白斑，后翅具4个小白斑。【卵】卵半圆形，呈红褐色。【幼虫】末龄幼虫体色呈淡黄绿色，无明显斑纹，头部呈淡粉褐色，单眼至额区呈白色，外围呈黑色，中央具倒"Y"字形黑纹，其两侧具1条黑色短纹。【蛹】蛹纺锤形，呈淡绿色，头部顶端具1个尖锐突起，腹背面具2条较粗的白色纵线。【寄主】寄主为禾本科刚竹属 *Phyllostachys* 植物。【分布】分布于我国华中区。

## 刺纹孔弄蝶
*Polytremis zina* (Evans)

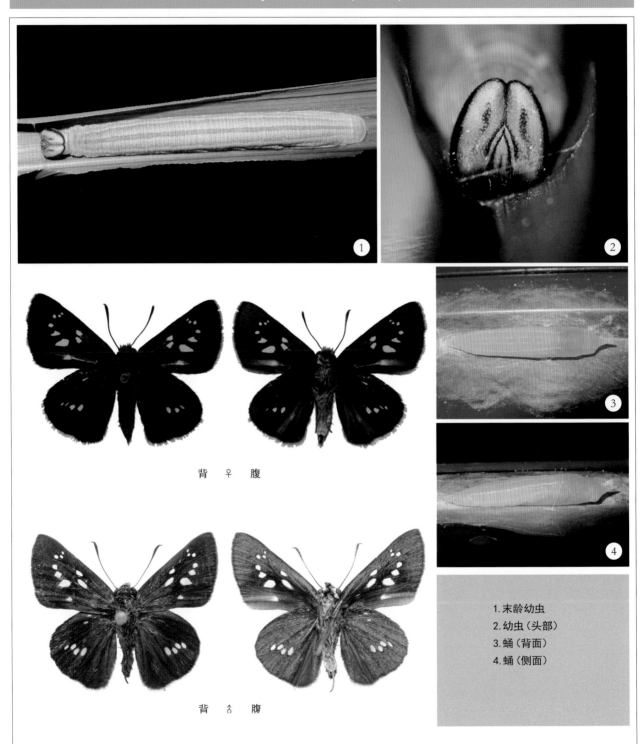

背 ♀ 腹

背 ♂ 腹

1. 末龄幼虫
2. 幼虫（头部）
3. 蛹（背面）
4. 蛹（侧面）

【成虫】中型弄蝶，翅背面呈褐色，腹面呈黄褐色，斑纹呈白色半透明状，其中雄蝶前翅下中室斑呈长条形。【幼虫】末龄幼虫体色呈淡绿色，具绿色颗粒状斑点，背部中央具 1 条暗绿色纵线，体侧具 2 对暗绿色纵线；头部呈淡黄褐色，外缘呈褐色，中域具棕色纵纹。【蛹】蛹纺锤形，呈绿色半透明状，头部顶端具 1 个尖锐的突起，腹部背面具 4 条白色纵线。【寄主】寄主为禾本科芒 *Miscanthus sinesis*（595 页）。【分布】分布于我国东北区、华中区和西南区。

# 凤蝶科

## PAPILIONIDAE

**凤蝶科下有3个亚科，我国有2个亚科。**

1. Parnassiinae 绢蝶亚科

2. Papilioninae 凤蝶亚科

3. Baroniinae 古凤蝶亚科（中国无分布）

凤蝶大而美丽，翅色多以黑色或白色为底色，后翅常具尾突，称为燕尾蝶。

卵多为圆形，呈橙色、黄色或黄绿色，表面光滑或黏附有雌蝶的分泌物（如裳凤蝶族Troidini），绢蝶族的卵呈白色，扁圆形，表面布满凹刻，如高尔夫球一般。

幼虫蛞型，大多数种类前胸具臭角（osmaterium），遇到敌害时会翻出并散发臭味。凤蝶科各族的外观形态差异较大：凤蝶亚科下的裳凤蝶族幼虫体表布满肉棘，如同海参状，颜色以红褐色、淡褐色和黑色为主，常具白色的斜带；凤蝶族（如玉带凤蝶、碧凤蝶）的低龄虫拟态鸟粪，5龄则为绿色大虫，胸部两侧常具2个假眼，拟态小蛇；燕凤蝶族（如青凤蝶）初龄幼虫为褐色，2龄至末龄多为绿色，幼虫胸部膨大，尾部具1对小尖突，胸部背面常具1～3对小棘刺。绢蝶亚科幼虫体表常被细毛，颜色多为黑色，具红色或黄色斑纹状。

蛹为缢蛹，裳凤蝶族的蛹多为肉色或者黄绿色，头部平，腹部背面具2排耳状突起，许多种类的腹节能上下摩擦，并发出嘶嘶的声音。凤蝶族蛹头部顶端常具1对角状突起，有些种类拟态枯枝状（如斑凤蝶属），蛹的颜色常与所附着物体的颜色一致。燕凤蝶族的蛹多呈淡绿色，同玉石一般，胸背面中央常具尖锐的突起。绢蝶族种类化蛹前做较薄的丝茧，可能是为了适应高寒干燥的环境。

寄主偏好：凤蝶亚科下的裳凤蝶族取食马兜铃科植物，凤蝶族取食芸香科、伞形科、木兰科、樟科等植物，燕凤蝶族取食木兰科、樟科、番荔枝科、莲叶桐科等植物；绢蝶亚科取食马兜铃科、景天科和紫堇科等植物。

## 中华虎凤蝶
### *Luehdorfia chinensis* Leech

背 ♂ 腹

【成虫】中小型凤蝶，翅色呈黄色，具黑色斑带，如同虎纹状；一年一代，以蛹越冬。【卵】卵扁圆形，呈淡绿色，表面光洁；聚产于寄主植物叶反面靠近边缘的区域。【幼虫】幼虫全体黑色并布有长毛，臭丫腺呈橙黄色；低龄幼虫群聚。【蛹】蛹长椭圆形，呈棕褐色，具黑色和深褐色斑纹，蛹体表面粗糙。【寄主】寄主为马兜铃科杜衡 *Asarum forbesii*（547页）等。【分布】分布于我国华中区。

1. 卵
2. 初龄幼虫
3. 4龄幼虫
4. 蛹（背面）
5. 蛹（侧面）

## 丝带凤蝶
### *Sericinus montela* Gray

背 ♀ 腹

背 ♂ 腹

【成虫】中型凤蝶，尾突细长如带状，雄蝶底色呈白色，雌蝶呈黄色，具黑色斑纹。【卵】卵扁圆形，呈淡黄色，表面光洁；聚产于寄主植物的叶面或茎干上。【幼虫】幼虫体色呈黑色，布满黄色至橙红色肉棘，前胸具1对细长的黑色突起，如同触角；低龄幼虫群聚。【蛹】蛹近似截断的树枝状，呈淡褐色至深褐色，具黑色和灰色斑纹。【寄主】寄主为马兜铃科马兜铃 *Aristolochia debilis*（548页）等。【分布】分布于我国华北区、东北区和华中区。

1. 卵
2. 低龄幼虫
3. 末龄幼虫
4. 蛹（背面）
5. 蛹（侧面）

## 红珠绢蝶
### *Parnassius bremeri* Bremer

背 ♀ 腹

背 ♂ 腹

1.卵
2.幼虫
3.蛹

　　【成虫】中型绢蝶，翅圆润；前翅具数个黑斑，亚外缘近顶角处具 1 个小红斑；后翅具 2 个小红斑。【卵】卵扁圆形，白色，表面具细小的刻纹，精孔区凹入状；雌蝶通常将卵产于寄主植物附近的岩石上。【幼虫】幼虫体表密布细毛，体色呈黑色，背部两侧具 4 列黄色斑，并具蓝色小斑点。末龄幼虫吐丝做薄茧，并在内化蛹。【蛹】蛹近椭圆形，呈黑褐色，翅区呈褐色。【寄主】寄主为景天科小丛红景天 *Rhodiola dumulosa*（552 页）。【分布】分布于我国华北区和东北区。

## 小红珠绢蝶
### *Parnassius nomion* Fischer & Waldheim

背 ♀ 腹

背 ♂ 腹

1. 幼虫
2. 幼虫
3. 蛹（腹面）

【成虫】中型绢蝶，近似红珠绢蝶，但翅面红斑相对发达。分布地域广泛，不同地域的个体翅面斑纹存在差异：产自东北、华北的个体体型大，翅面的红斑及黑斑欠发达；产自甘肃、青海的个体体型较小，翅面的红斑黑斑较发达。【幼虫】幼虫体表密布细毛，两侧细毛呈灰白色，体色呈黑色，背部具 4 列红色斑点以及暗淡的蓝色斑点；末龄幼虫吐丝做薄茧，并在内化蛹。【蛹】蛹近椭圆形，呈黑褐色。【寄主】寄主为景天科小丛红景天 *Rhodiola dumulosa*（552 页）。【分布】分布于我国华北区、东北区和蒙新区。

## 金裳凤蝶
### *Troides aeacus* (Felder & Felder)

背 ♀ 腹

背 ♂ 腹

1.卵　　2.初龄幼虫　　3.末龄幼虫（背面）　　4.末龄幼虫（侧面）
5.蛹（背面）　　6.蛹（侧面）

【成虫】大型凤蝶，雌蝶为我国最大的蝴蝶，雄蝶后翅近臀角处的外缘斑内侧散布有黑色鳞片，雌蝶后翅亚外缘斑呈狭长三角形，不与外缘斑接触。【卵】卵近圆形，橙红色；散产于寄主植物叶面或附近的其他植物植株上。【幼虫】低龄幼虫体色呈棕褐色，体表具黑色刚毛；末龄幼虫体色呈褐色，第3～4腹节具1条白色斜带，第4腹节背面的肉棘呈白色，其余肉棘呈黑色，且末端呈淡红色，体长能达到70 mm。【蛹】蛹呈浅绿色或淡褐色，腹背面呈黄绿色，头部和胸部两侧具2对小尖突，腹背面具2对突起。【寄主】寄主为马兜铃科马兜铃 *Aristolochia debilis*（548页）、宝兴马兜铃 *Aristolochia moupinensis*（547页）、管花马兜铃 *Aristolochia tubiflora*（547页）、西藏马兜铃 *Aristolochia griffithii*（547页）等。【分布】广布于我国南方地区。

## 裳凤蝶
### *Troides helena* (Linnaeus)

背 ♂ 腹

【成虫】大型凤蝶，近似金裳凤蝶，区别在于雄蝶后翅外缘斑内侧无散布黑色鳞片，亚外缘常具1列黑斑；雌蝶后翅亚外缘斑常与外缘斑接触。【卵】卵近圆形，橙红色；通常散产，偶有聚产，产于寄主植物叶面或附近的其他植物植株上。【幼虫】末龄幼虫体色呈灰褐色，布有黑色斑纹，第3～4腹节具1条白色斜带；肉棘呈灰褐色，末端呈淡粉色，第4腹节背面的肉棘为白色。【蛹】蛹呈灰褐色，背部呈淡褐色；蛹形近似金裳凤蝶，区别在于头胸部和腹背部的突起较发达且尖锐。【寄主】寄主为马兜铃科卵叶马兜铃 *Aristolochia ovatifolia* (548页)等。【分布】分布于我国华南区。

1.卵（侧面）
2.卵（背面）
3.末龄幼虫
4.蛹（背面）
5.蛹（侧面）

## 暖曙凤蝶
### Atrophaneura aidoneus (Doubleday)

背 ♀ 腹

背 ♂ 腹

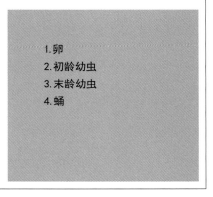

【成虫】中大型凤蝶，全翅黑色，后翅无尾突，外缘略呈波状，雄蝶后翅内缘褶皱处呈灰白色；雌蝶前翅背具明显白色条纹，后翅呈灰褐色。【卵】卵圆形，呈红色，表面略覆有黄色颗粒物。【幼虫】初龄幼虫体色呈红色，末龄幼虫体色呈红褐色，具灰褐色和深褐色条纹，第3～4腹节具1条白色斜带，第3腹节、第4腹节、第7腹节背部的肉棘以及第3腹节、第7腹节侧面的肉棘较长且呈白色，其余肉棘末端呈红褐色。【蛹】蛹呈肉色，中胸侧缘具较发达的不规则状突起，腹部背面具4对较大的耳状突起。【寄主】寄主为马兜铃科广防己 *Aristolochia fangchi*（548页）。【分布】分布于我国华中区南部、华南区和西南区。

1. 卵
2. 初龄幼虫
3. 末龄幼虫
4. 蛹

## 灰绒麝凤蝶
### *Byasa mencius* (Felder & Felder)

背 ♀ 腹

背 ♂ 腹

【成虫】中大型凤蝶，翅色呈黑色，后翅具 6～8 个紫红色斑，雄蝶后翅内缘褶皱处呈灰色。【卵】卵圆形，表面覆有纵向排列的橙黄色颗粒物；散产于寄主植物叶面。【幼虫】初龄幼虫体色呈棕褐色，头部呈黑色；末龄幼虫体色呈红褐色，具灰褐色和棕褐色斑纹，第 3～4 腹节具 1 条白色斜带，第 3 腹节、第 4 腹节、第 7 腹节背部肉棘以及第 3 腹节、第 7 腹节侧面的肉棘呈白色。【蛹】蛹呈肉色，中胸侧缘具不规则状突起，中胸背面中域呈橙黄色，腹背面具 6 对大小不等的耳状突起。【寄主】寄主为马兜铃科马兜铃 *Aristolochia debilis*（548 页）、管花马兜铃 *Aristolochia tubiflora*（547 页）等。【分布】分布于我国华北区南部和华中区。

1. 卵
2. 初龄幼虫
3. 末龄幼虫
4. 蛹（背面）
5. 蛹（侧面）

## 中华麝凤蝶
### *Byasa confusus* (Rothschild)

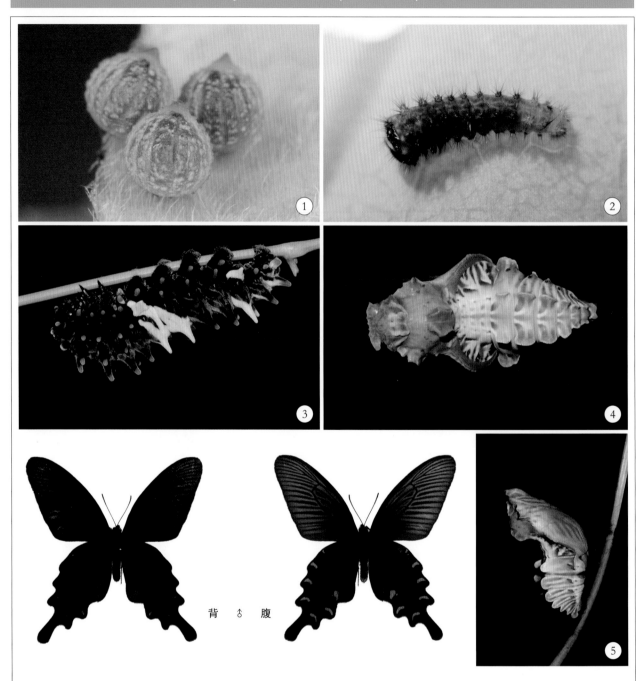

背 ♂ 腹

【成虫】中大型凤蝶，翅色呈黑色，后翅腹面亚外缘具7个红斑，雄蝶后翅内缘褶皱处呈黑色。【卵】卵圆形，呈暗红色，表面覆有纵向排列的橙黄色颗粒物，顶部呈乳头状突起；聚产于寄主植物叶面。【幼虫】初龄幼虫体色呈棕褐色，头部呈黑色；末龄幼虫体色近似灰绒麝凤蝶，但本种体色较黑，肉脊末端呈红色。【蛹】蛹呈肉色，头部中央具2个很小的突起，腹部背面具7对大小不等的耳状突起。【寄主】寄主为马兜铃科马兜铃 *Aristolochia debilis*（548页）等。【分布】分布于我国华中区、华南区和西南区等。

1.卵
2.初龄幼虫
3.末龄幼虫
4.蛹（背面）
5.蛹（侧面）

## 多姿麝凤蝶
### *Byasa polyeuctes* (Doubleday)

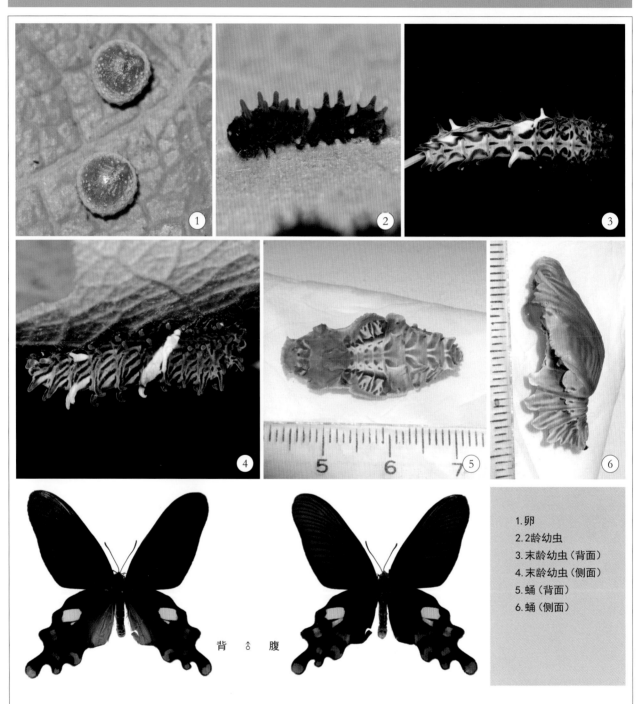

1. 卵
2. 2龄幼虫
3. 末龄幼虫（背面）
4. 末龄幼虫（侧面）
5. 蛹（背面）
6. 蛹（侧面）

背 ♂ 腹

【成虫】中大型凤蝶，翅色呈黑色，后翅具1~2个白斑，尾突内常具1个红斑，雄蝶后翅内缘褶皱处呈深灰色。【卵】卵圆形，呈暗红色，表面覆有纵向排列的橙黄色颗粒物，顶部呈乳头状突起。【幼虫】低龄幼虫体色呈棕褐色；末龄幼虫体色呈灰褐色，具深褐色斜纹，第3~4腹节具1条白色斜带，第4腹节、第7腹节背部肉棘以及第3腹节、第7腹节侧面的肉棘呈白色，其余肉棘顶端多呈红色。【蛹】蛹呈肉色，近似灰绒麝凤蝶，但中胸侧缘突起较小，前胸背部中央的黄色突起较显著。【寄主】寄主为马兜铃科昆明马兜铃 *Aristolochia kunmingensis*（548页）、蜂窝马兜铃 *Aristolochia foveolata* 等。【分布】分布于我国华中区西部和南部、华南区和西南区。

## 白斑麝凤蝶
### *Byasa dasarada* (Moore)

1.末龄幼虫（背面）
2.末龄幼虫（侧面）
3.蛹（背面）
4.蛹（侧面）

背 ♂ 腹

【成虫】中大型凤蝶，后翅具数个白斑和淡红色斑，尾突内具 1 个红斑，雄蝶后翅内缘褶皱处呈深灰色。【幼虫】末龄幼虫体色呈白色，背面和侧面具少量淡褐色细纹，除第 3 腹节、第 4 腹节、第 7 腹节背部肉棘以及第 3 腹节、第 7 腹节侧面肉棘呈白色外，其余肉棘顶端呈橙黄色或淡褐色，气孔呈黑色。【蛹】蛹呈乳白色，外缘及突起部位呈鲜黄色，腹背面耳状突起较小。【寄主】寄主为马兜铃科西藏马兜铃 *Aristolochia griffithii*（547 页）。【分布】分布于我国华南区和西南区。

## 云南麝凤蝶
### *Byasa hedistus* (Jordan)

背 ♀ 腹

背 ♂ 腹

【成虫】中大型凤蝶,翅色呈黑色,后翅具 2 个白斑和 3 个红斑,尾突内无红斑,雄蝶后翅内缘褶皱处呈黑色。【卵】卵圆形,表面覆有橙黄色颗粒物。【幼虫】初龄幼虫体色呈棕红色,并随着龄期增长而逐渐变深;末龄幼虫体色呈深褐色,体表的肉棘较短,除第 3 腹节、第 4 腹节、第 7 腹节背部的肉棘以及第 3 腹节、第 7 腹节侧面的肉棘呈白色外,其余肉棘顶端呈红褐色。【蛹】蛹呈肉色,中胸侧缘具不规则状突起,较发达,腹背面耳状突起的外缘较圆润。【寄主】寄主为马兜铃科昆明马兜铃 *Aristolochia kunmingensis*(548 页)等。【分布】分布于我国西南区。

1. 卵
2. 初龄幼虫
3. 2龄幼虫
4. 末龄幼虫
5. 蛹(侧面)

## 红珠凤蝶
### *Pachliopta aristolochiae* (Fabricius)

背 ♀ 腹

背 ♂ 腹

【成虫】中大型凤蝶，体色呈红色，翅色呈黑色或棕褐色；后翅腹面亚外缘具7个红色圆斑，中域具3～5个白色小斑。【卵】卵圆形，表面覆有橙红色颗粒物；散产于寄主叶面或新生的茎干上。【幼虫】幼虫体色呈红褐色至深褐色，第3腹节具1条白带，第3腹节背面和侧面的肉棘呈白色，其余肉棘均呈红褐色。【蛹】蛹呈淡红褐色，头部和中胸侧面各具1对耳状突起，腹背面具4对耳状突起。【寄主】寄主为马兜铃科马兜铃 *Aristolochia debilis*（548页）、卵叶马兜铃 *Aristolochia ovatifolia*（548页）等。【分布】广布于我国南方地区。

1. 卵
2. 初龄幼虫
3. 末龄幼虫
4. 蛹（背面）
5. 蛹（侧面）

## 青凤蝶
### *Graphium sarpedon* (Linnaeus)

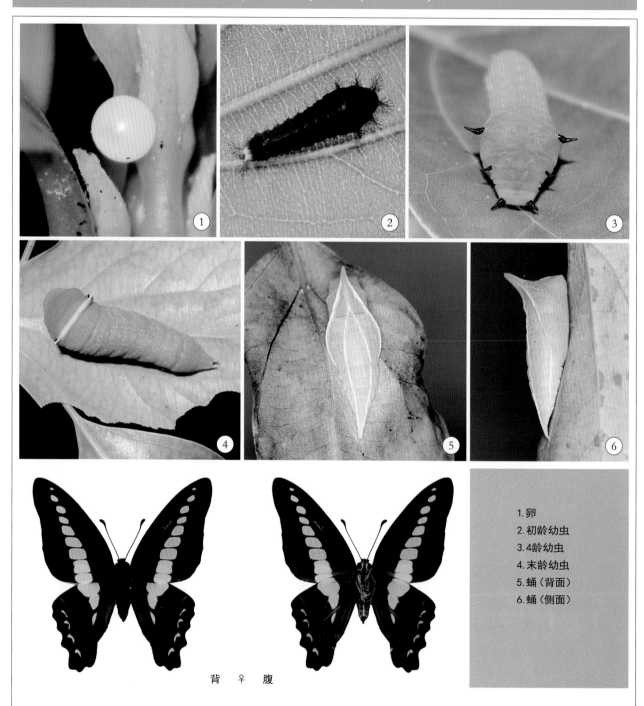

1. 卵
2. 初龄幼虫
3. 4龄幼虫
4. 末龄幼虫
5. 蛹（背面）
6. 蛹（侧面）

背 ♀ 腹

【成虫】中型凤蝶，翅色呈黑褐色，翅中域具青绿色斑带。【卵】卵圆形，呈淡绿色或淡黄色，表面光洁；散产于寄主植物嫩叶上。【幼虫】幼虫后胸宽厚，并逐渐向腹部收窄；初龄幼虫体色呈黑褐色；低龄幼虫前胸、中胸和后胸背面各具1对黑色棘突，尾部末端具1对突起；末龄幼虫体色呈绿色或黄绿色，前胸和中胸的棘突退化，但后胸的棘突形似假眼状，棘突间具1条淡黄色横线。【蛹】蛹呈翠绿色，头部顶端较平，胸背部具1个细长突起，并向两侧和腹部方向辐射出黄白色细线，如同叶脉。【寄主】寄主为樟科樟 *Cinnamomum camphora*（544页）、阴香 *Cinnamomum burmannii*（544页）。【分布】广布于我国南方地区。

# 宽带青凤蝶
## *Graphium cloanthus* (Westwood)

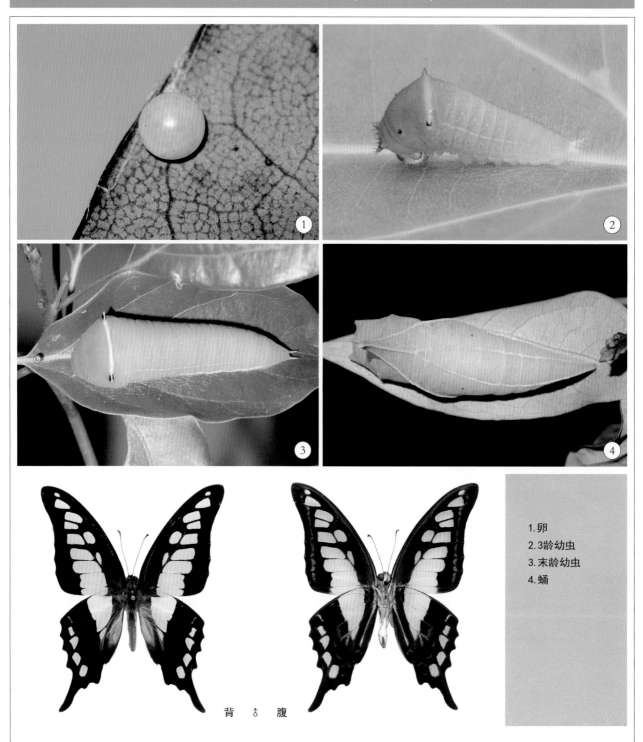

背 ♂ 腹

1. 卵
2. 3龄幼虫
3. 末龄幼虫
4. 蛹

【成虫】中大型凤蝶，翅色呈黑褐色，翅中域具宽阔的青绿色斑带，后翅具1对尾突。【卵】卵圆形，呈淡绿色；多产于寄主植物嫩叶上。【幼虫】幼虫极近似青凤蝶，较难区分，主要区别在于低龄幼虫后胸背部具黄色横线；末龄幼虫尾部末端的1对突起较长。【蛹】蛹近似青凤蝶，但头部顶端两侧各具1个小突起。【寄主】寄主为樟科樟 *Cinnamomum camphora*（544页）、红楠 *Machilus thunbergii*（545页）等。【分布】广布于我国南方地区。

## 木兰青凤蝶
### *Graphium doson* (Felder & Felder)

1. 卵
2. 低龄幼虫
3. 末龄幼虫
4. 蛹

背 ♀ 腹

　　【成虫】中型凤蝶，翅背面呈黑褐色，前翅具 3 列青绿色斑，后翅中域至基部具青绿色斑，亚外缘具 1 列淡绿色斑；后翅腹面基部和亚外缘具红色小斑。【卵】卵圆形，呈淡绿色，表面光洁。【幼虫】低龄幼虫气孔下侧区域呈白色；末龄幼虫前胸前端具 1 对黑色小棘突，后胸背部具 1 对圆形假眼，假眼中央呈黑色，外围有黄色环斑。【蛹】蛹呈淡绿色，胸背部突起略粗，头胸部外缘具褐色细纹。【寄主】寄主为木兰科白兰花 *Michelia alba*（542 页）、番荔枝科假鹰爪 *Desmos chinensis*（543 页）等。【分布】广布于我国南方地区。

## 黎氏青凤蝶
### *Graphium leechi* (Rothschild)

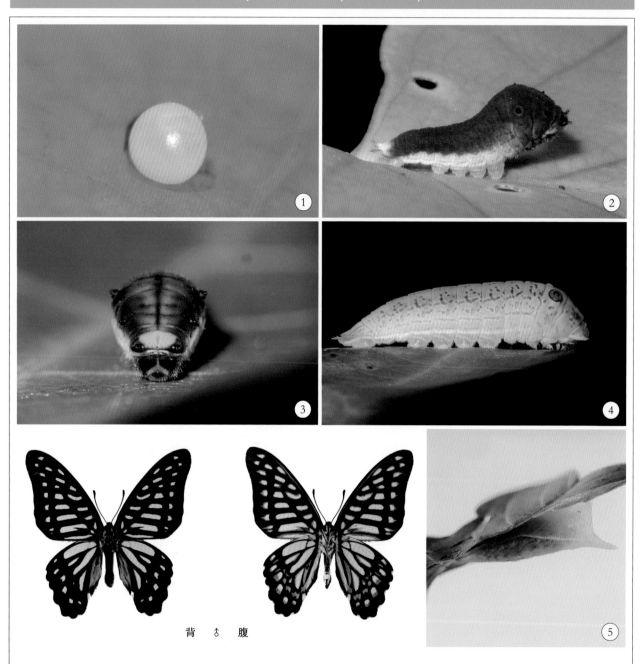

背 ♂ 腹

【成虫】中型凤蝶，翅背面呈黑褐色，前翅具3列淡绿色斑，后翅基部至中域具淡绿色长条斑，亚外缘具1列淡绿色小斑；后翅腹面基部和亚外缘具黄褐色小斑。【卵】卵圆形，呈淡绿色，表面光洁；散产于寄主植物叶面上。【幼虫】低龄幼虫背部呈黑褐色，气孔以下区域呈黄白色；末龄幼虫体色呈绿色，背部具褐色斑纹，后胸背部具1对橙红色圆形假眼；头部呈淡褐色，具1对黑色圆斑。【蛹】蛹呈绿色，腹背部具褐色细纹；胸背部具前伸的细长突起，头部顶端具1对小突起。【寄主】寄主为木兰科鹅掌楸 *Liriodendron chinensis*（542页）。【分布】分布于我国华中区。

1.卵
2.低龄幼虫
3.幼虫（头部）
4.末龄幼虫
5.蛹（侧面）

## 碎斑青凤蝶
### *Graphium chironides* (Honrath)

背 ♂ 腹

1.卵
2.初龄幼虫
3.末龄幼虫
4.蛹

【成虫】中型凤蝶，近似黎氏青凤蝶，区别在于前翅中域的淡绿色斑较短，亚外缘的斑点较小，后翅腹面基部具1个黄色圆斑。【卵】卵圆形，呈淡黄绿色，表面光洁；散产于寄主植物叶面上。【幼虫】低龄幼虫背部呈褐色，腹背部后端呈白色；末龄幼虫体色呈绿色，后胸背部具1对黑色假眼，头部呈淡绿色，无斑纹。【蛹】蛹呈淡绿色，头部顶端具1对小突起，胸背部的突起略粗短。【寄主】寄主为木兰科深山含笑 *Michelia maudiae*（542页）、鹅掌楸 *Liriodendron chinensis*（542页）、广玉兰 *Magnolia grandiflora*（542页）等。【分布】广布于我国南方地区。

## 统帅青凤蝶
### *Graphium agamemnon* (Linnaeus)

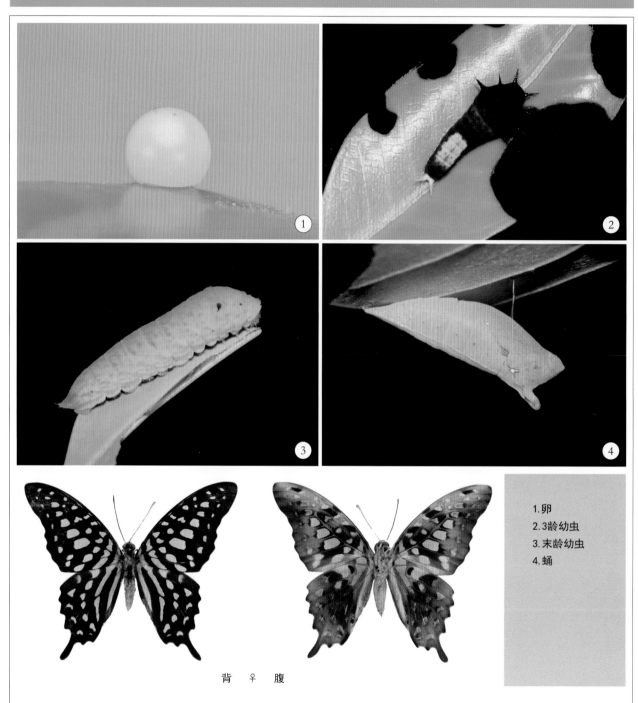

背 ♀ 腹

1. 卵
2. 3龄幼虫
3. 末龄幼虫
4. 蛹

【成虫】中型凤蝶，翅色呈黑褐色，具许多黄绿色小斑，后翅具 1 对细小尾突。【卵】卵圆形，呈淡黄色，表面光洁；散产于寄主植物嫩叶上。【幼虫】低龄幼虫体色呈深褐色，第 5～7 腹节背面呈黄白色；末龄幼虫体色呈黄色，胸背面具 3 对棘突，其中后胸棘突的基部呈鲜红色，气孔呈绿色。【蛹】蛹呈淡黄绿色；胸背部的突起较短，前伸，其末端至翅区外缘具 1 条曲折的淡褐色细线，内镶有几个小白点。【寄主】寄主为木兰科白兰花 *Michelia alba*（542 页），番荔枝科紫玉盘 *Uvaria micrarpa*（543 页）、假鹰爪 *Desmos chinensis*（543 页）等。【分布】分布于我国华中区、华南区和西南区。

## 铁木剑凤蝶
### *Pazala mullah* (Alphéraky)

背 ♂ 腹

1. 卵（刚产下）
2. 卵（发育中）
3. 末龄幼虫
4. 3龄幼虫（头部）
5. 蛹（侧面）
6. 蛹（背面）

　　【成虫】中型凤蝶，翅色呈白色，具黑色带纹，具1对细长尾突；后翅中域黑带近臀角处分叉。【卵】卵圆形，刚产下的卵近白色，逐步发育呈淡黄色。【幼虫】低龄幼虫体色呈黄色，散布黑色斑点，头部具2个大黑斑；末龄幼虫体色呈淡绿色，具细小的黑色斑点，胸背面具3对蓝黑色棘突，中胸和后胸棘突的基部呈橙红色。【蛹】蛹呈淡黄绿色，具绿色颗粒状斑点，胸背部具尖锐突起。【寄主】寄主为樟科樟 *Cinnamomum camphora*（544页）、乌药 *Lindera aggregate*（545页）、红楠 *Machilus thunbergii*（545页）等。【分布】分布于我国华中区和华南区。

## 豪恩剑凤蝶
### *Pazala hoeneanus* Cotton & Hu

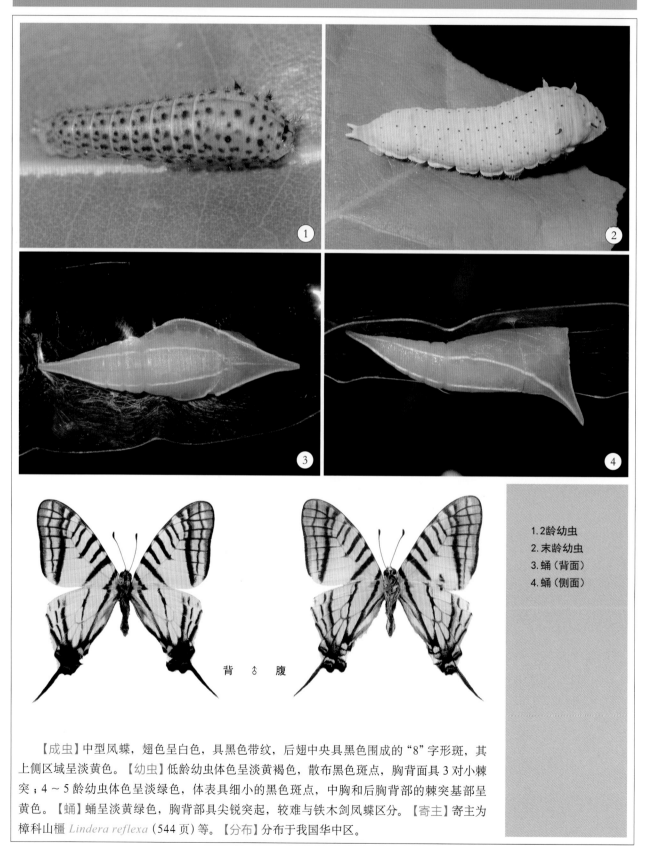

背 ♂ 腹

1. 2龄幼虫
2. 末龄幼虫
3. 蛹（背面）
4. 蛹（侧面）

　　【成虫】中型凤蝶，翅色呈白色，具黑色带纹，后翅中央具黑色围成的"8"字形斑，其上侧区域呈淡黄色。【幼虫】低龄幼虫体色呈淡黄褐色，散布黑色斑点，胸背面具 3 对小棘突；4～5 龄幼虫体色呈淡绿色，体表具细小的黑色斑点，中胸和后胸背部的棘突基部呈黄色。【蛹】蛹呈淡黄绿色，胸背部具尖锐突起，较难与铁木剑凤蝶区分。【寄主】寄主为樟科山橿 *Lindera reflexa*（544页）等。【分布】分布于我国华中区。

## 绿凤蝶
### *Pathysa antiphates* (Cramer)

1.卵
2.初龄幼虫
3.3龄幼虫
4.末龄幼虫
5.蛹（背面）
6.蛹（侧面）

背 ♂ 腹

【成虫】中型凤蝶，翅色呈白色，前翅前缘和外缘具黑色斑带，后翅具 1 对狭长的黑色尾突；翅腹面基部区域呈淡黄绿色，雌雄同型。【卵】卵圆形，呈淡黄色。【幼虫】初龄幼虫体色呈黄色；3～4龄幼虫胸背部具黑色细横纹，尾部具 1 对白色尖突；末龄幼虫体色呈黄绿色，胸背部具 3 对黑色小棘刺和深绿色斑带，腹背部具淡色颗粒状小点，体侧具淡绿色斜纹。【蛹】蛹呈翠绿色，胸背部中央具 1 个向前的小突起，腹部前端较宽，背部具 2 条淡褐色细线。【寄主】寄主为番荔枝科紫玉盘 *Uvaria macrophylla*（543 页）、假鹰爪 *Desmos chinensis*（543 页）。【分布】分布于我国华中区南部、华南区和西南区。

## 斜纹绿凤蝶
### *Pathysa agetes* (Westwood)

1. 卵
2. 初龄幼虫
3. 3龄幼虫
4. 末龄幼虫
5. 蛹（背面）
6. 蛹（侧面）

背 ♂ 腹

　　【成虫】中型凤蝶，翅色呈白色，前翅角透明，具黑色斜带，外缘呈黑色，后翅具1对细长尾突，雌雄同型。一年一世代。【卵】卵圆形，呈淡黄白色。【幼虫】初龄幼虫体色呈褐色；3～4龄幼虫胸背部具黑色横纹和黑点列，尾部具1对白色尖突；末龄幼虫体色呈黄色，胸背部呈橙黄色，具3对黑色小棘刺，气孔线呈淡褐色。【蛹】蛹呈翠绿色，胸背部中央的突起尖而长，头胸部侧面具发达的褐色纹，腹背部具2条平行的淡褐色细线。【寄主】寄主为番荔枝科瓜馥木 *Fissistigma oldhamii*（543页）。【分布】分布于我国华中区南部、华南区和西南区。

## 燕凤蝶
### *Lamproptera curius* (Fabricius)

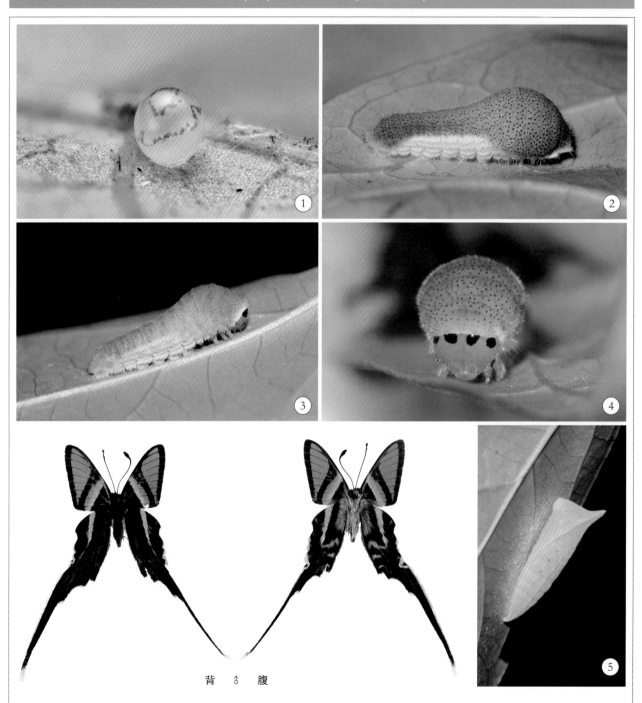

背 ♂ 腹

【成虫】小型凤蝶，俗称"蝌蚪蝶"，前翅端半部具透明斑，后翅尾突狭长。【卵】卵圆形，呈黄绿色，表面光洁。【幼虫】幼虫体色呈黄绿色，体表密布黑色小点和细毛，前胸和第3~8腹节侧面呈黄白色，头部呈淡绿色，上缘具4个黑点，复眼所在区域呈黑色。【蛹】蛹呈淡绿色，胸背部的突起较短小，气孔呈深绿色。【寄主】寄主为莲叶桐科红花青藤 *Illigera rhodantha*（546页）。【分布】分布于我国华中区、华南区和西南区。

1. 卵
2. 4龄幼虫
3. 末龄幼虫
4. 幼虫（头部）
5. 蛹（侧面）

## 钩凤蝶
### *Meandrusa payeni* (Boisduval)

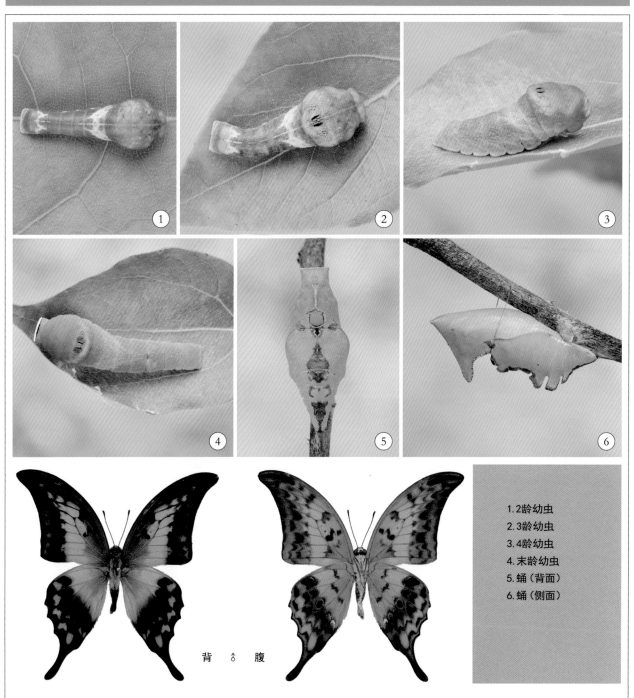

1. 2龄幼虫
2. 3龄幼虫
3. 4龄幼虫
4. 末龄幼虫
5. 蛹（背面）
6. 蛹（侧面）

背 ♂ 腹

　　【成虫】中大型凤蝶，翅型呈钩状，前后翅中域到基部呈淡橙黄色，亚外缘呈黑色，翅面斑纹变化较大，后翅具1对尾突。成虫一年多代。【幼虫】幼虫共有5龄，2龄幼虫体色呈黄绿色，腹背部前端和后端具白纹；末龄幼虫体色呈绿色，第1腹节背部具黄色横纹，中央具1对镶有黑纹的粉红色斑，第3腹节和第8腹节背部具灰色斑纹，第6腹节背部具2枚黄斑；气孔呈浅黄色。【蛹】蛹呈绿色，头部顶端平截，胸背部具末端分叉的尖角，腹背具耳状突起，并有褐色斑纹。【寄主】寄主为樟科山鸡椒 *Litsea cubeba*（545页）、樟 *Cinnamomum camphora*（544页）。【分布】分布于我国海南、广西、云南等地。

# 褐钩凤蝶
## *Meandrusa sciron* (Leech)

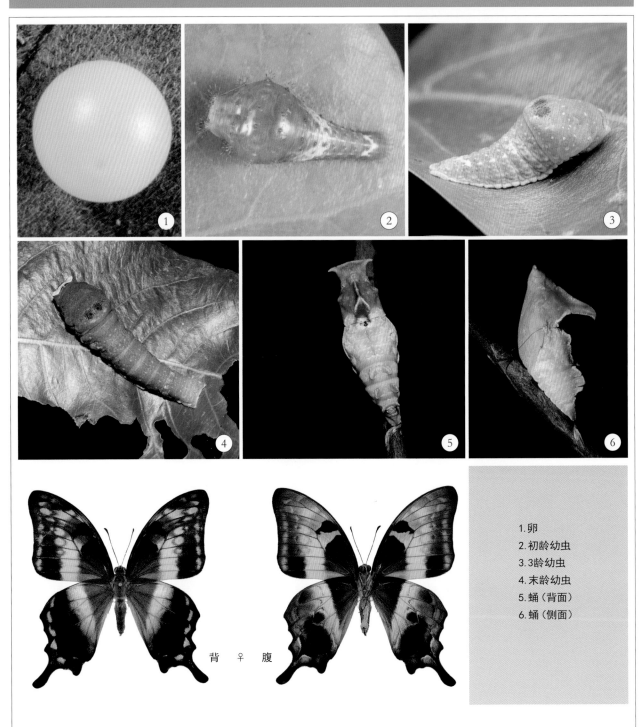

1. 卵
2. 初龄幼虫
3. 3龄幼虫
4. 末龄幼虫
5. 蛹（背面）
6. 蛹（侧面）

背 ♀ 腹

　　【成虫】大型凤蝶，翅背面呈黑褐色，翅中域具黄色斑带，雌蝶更为发达，亚外缘具1列黄色小斑，尾突较短。【卵】卵圆形，呈淡黄色，发育后出现红色受精斑；单产于寄主叶面。【幼虫】初龄幼虫胸部膨大，腹背部前端和后端均具"V"字形白纹；3龄幼虫背部具许多小白点，胸背部呈黄色，中间具1对红斑；末龄幼虫体色呈绿色，胸背部具1对暗红色斑纹，内具黑色小点，如同眼纹。【蛹】蛹呈绿色，密布小刻点；胸背部具钩状突起，其末端分叉；腹背面具耳状突起，外缘镶有褐纹。【寄主】寄主为樟科润楠属 *Machilus* 植物。【分布】分布于我国南方地区。

## 西藏钩凤蝶
*Meandrusa lachinus* Fruhstorfer

1. 卵
2. 初龄幼虫
3. 末龄幼虫（背面）
4. 末龄幼虫（侧面）
5. 蛹（背面）
6. 蛹（侧面）

背 ♂ 腹

【成虫】大型凤蝶，翅背面呈黑褐色，前翅中区颜色略淡，亚外缘具不显著的黄色小斑，外缘中部向内凹入，尾突末端膨大；翅腹面呈灰褐色，翅基部、后翅中域和尾突呈棕褐色。【卵】卵圆形，呈浅黄色，发育后出现粉红色斑纹；单产于叶反面。【幼虫】低龄幼虫近似褐钩凤蝶；末龄幼虫腹背部"V"字形白纹显著，体侧下部具灰白色斜纹，腹足呈淡黄色。【蛹】蛹近似褐钩凤蝶，区别为头部顶端的尖突较小；胸背部的尖角较短，且末端的分叉幅度较小。【寄主】寄主为樟科鸭公树 *Neolitsea chui*（545 页）。【分布】分布于我国江西、广东、广西、云南、西藏等地。

# 斑凤蝶
### *Chilasa clytia* (Linnaeus)

1.卵
2.末龄幼虫
3.蛹（背面）
4.蛹（侧面）

背 ♂ 腹

　　【成虫】中型凤蝶，有褐色和黄色两种色型，后翅外缘呈波状，外缘区具1列黄褐色圆斑。【卵】卵圆形，呈橙黄色。【幼虫】末龄幼虫体色呈黄白色，背部和体侧具灰黑色斑带，背部两侧具1列黑色肉棘，胸部侧面各具3个肉棘，肉棘基部呈粉红色。【蛹】蛹如同截断的枯枝状，呈灰褐色或棕褐色。【寄主】寄主为樟科潺槁 *Litsea glutinosa*（545页）。【分布】分布于我国华南区、西南区。

## 小黑斑凤蝶
### *Chilasa epycides* (Hewitson)

背 ♂ 腹

1. 卵
2. 末龄幼虫
3. 蛹（背面）
4. 蛹（侧面）

　　【成虫】中小型凤蝶，翅色呈灰褐色，翅室具淡黄褐色条状斑，后翅臀角处具1个黄色圆斑。【卵】卵圆形，刚产的卵呈黄绿色，顶部呈红色，发育后逐渐变为红褐色；多聚产于寄主叶片的反面。【幼虫】低龄幼虫体色呈深褐色，体表具黑色小突起和蓝色小斑点；末龄幼虫体色呈暗黄色，具黑色线纹，背部两侧具2列淡蓝色小斑，体表肉棘很不明显。【蛹】蛹如同截断的枯枝状，呈褐色，具深褐色细纹。【寄主】寄主为樟科山鸡椒 *Litsea cubeba*（545页）。【分布】分布于我国华中区、华南区以及西南区。

## 宽尾凤蝶
### *Agehana elwesi* (Leech)

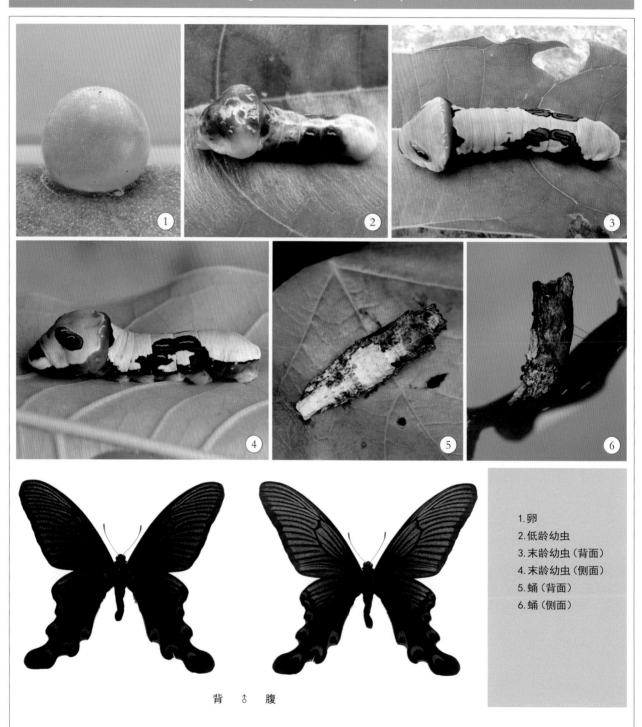

1. 卵
2. 低龄幼虫
3. 末龄幼虫（背面）
4. 末龄幼虫（侧面）
5. 蛹（背面）
6. 蛹（侧面）

背 ♂ 腹

【成虫】大型凤蝶，翅色呈黑色，后翅亚外缘具红色斑纹，中域有时具白斑，尾突宽大，内具2条翅脉。【卵】卵圆形，刚产的卵呈黄绿色，发育后呈淡橙色。【幼虫】低龄幼虫拟态鸟粪；末龄幼虫体色呈绿色，胸部膨大，后胸背部具1对假眼，拟态蛇头，腹部第3～5节侧面具1对深褐色斑，内有蓝色条状细斑；幼虫化蛹前体色转变为淡褐色。【蛹】蛹如同截断的枯枝状，呈褐色，具黑色、淡褐色和粉绿色等斑纹。【寄主】寄主为木兰科鹅掌楸 *Liriodendron chinensis*（542页）、樟科檫木 *Sassafrsa tzumu*（544页）。【分布】主要分布于我国华中区。

## 达摩凤蝶
### *Papilio demoleus* Linnaeus

背 ♂ 腹

1.卵
2.低龄幼虫
3.末龄幼虫
4.蛹（背面）
5.蛹（侧面）

　　【成虫】中型凤蝶，翅色呈黑色，斑纹呈淡黄色，臀角处具 1 个橙红色斑，无尾突。【卵】卵圆形，呈黄色。【幼虫】低龄幼虫拟态鸟粪，体色呈黑褐色，具不规则的白色斑纹；末龄幼虫体色呈黄绿色，具黑色斑带和斑点。【蛹】蛹头部顶端具短小的突起，且略向外侧弯曲。【寄主】寄主为芸香科柚 *Citrus maxima*（579 页）、山小桔 *Glycosmis parviflora*（580 页）等。【分布】分布于我国华中区、西南区和华南区。

## 柑橘凤蝶
### *Papilio xuthus* Linnaeus

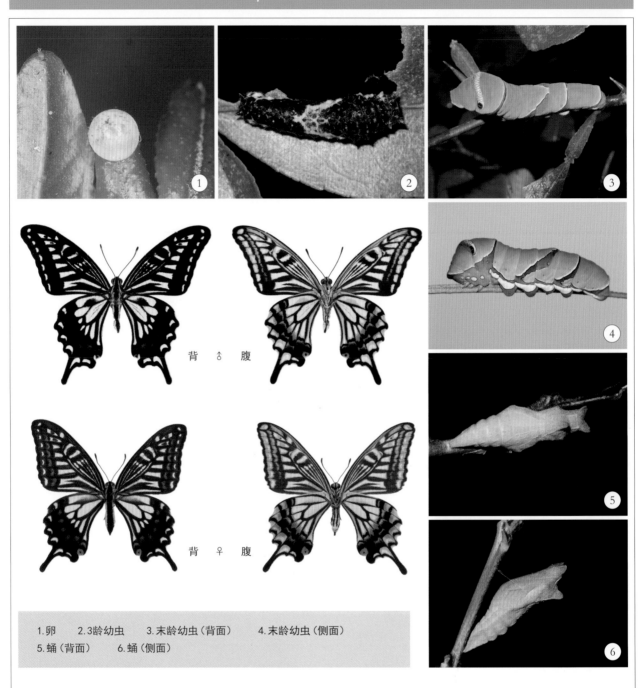

1.卵 　 2.3龄幼虫 　 3.末龄幼虫（背面） 　 4.末龄幼虫（侧面）
5.蛹（背面） 　 6.蛹（侧面）

【成虫】中大型凤蝶，翅色呈黑色，斑纹呈黄白色至淡黄色，臀角处具1个橙红色斑，内有黑点，尾突较细。【卵】卵圆形，呈黄色，表面具少量褐色斑纹。【幼虫】低龄幼虫拟态鸟粪，体色呈黑褐色，具黄白色斑带；末龄幼虫体色呈黄绿色，后胸背部两侧各具1个小假眼，第2腹节前部具1条蓝色横带，第4～5腹节和第6腹节两侧具1条深绿色斜带，并在背部相连接，第1腹节、第5腹节、第6腹节具黄色小斑点。【蛹】蛹头部顶端突起较大，胸背部突起较大，略前伸。【寄主】寄主为芸香科柑橘 *Citrus reticulata*（579页）、枳（枸橘）*Citrus trifoliate*（580页）、花椒 *Zanthoxylum bungeanum*（577页）、竹叶花椒 *Zanthoxylum armatum*（577页）、椿叶花椒 *Zanthoxylum ailanthoides*（577页）等。【分布】分布于我国华北区、东北区、华中区、华南区和西南区。

## 金凤蝶
### *Papilio machaon* Linnaeus

背 ♀ 腹

背 ♂ 腹

1.卵　2.初龄幼虫　3.4龄幼虫　4.末龄幼虫　5.蛹（背面）　6.蛹（侧面）

　　【成虫】中大型凤蝶，近似柑橘凤蝶，但本种前翅背面基部呈黑色颗粒状，后翅臀角红斑内无黑点。【卵】卵圆形，呈淡黄色。【幼虫】低龄幼虫拟态鸟粪；末龄幼虫体色呈淡绿色，各体节具黄黑相间的斑点组成的环纹。【蛹】蛹呈黄绿色，头部顶端的突起不显著，胸背部突起较小，腹背面具2列小突起。【寄主】寄主为伞形科水芹 *Oenanthe javanica*、野胡萝卜 *Daucus carota*（583页）、白花前胡 *Peucedanum praeruptorum*（583页）等。【分布】分布于我国大部分地区。

中国蝴蝶生活史图鉴  152

## 玉带凤蝶
### *Papilio polytes* Linnaeus

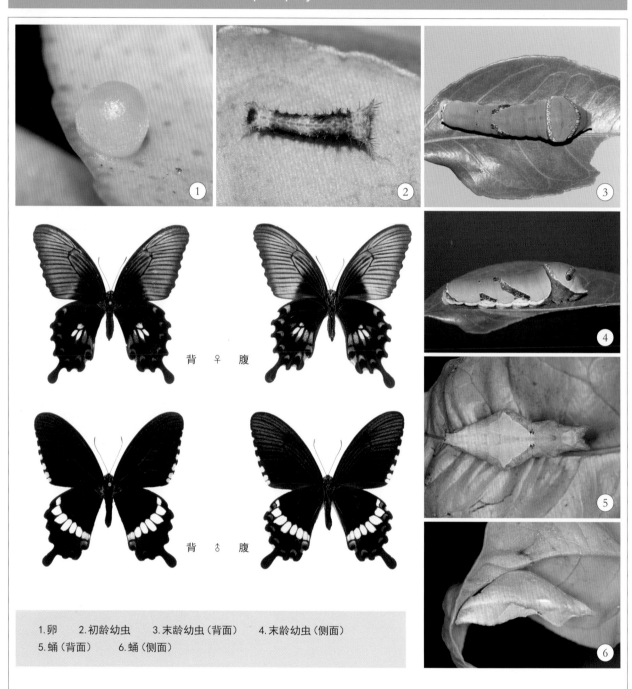

1.卵　　2.初龄幼虫　　3.末龄幼虫（背面）　　4.末龄幼虫（侧面）
5.蛹（背面）　　6.蛹（侧面）

背 ♀ 腹

背 ♂ 腹

　　【成虫】中型凤蝶，翅呈黑色，雌雄异型，雄蝶后翅具1列白斑；雌蝶斑纹变异幅度较大，后翅中域常具红色和白色斑。【卵】卵圆形，表面光洁，呈黄色。【幼虫】低龄幼虫拟态鸟粪，体色呈黄褐色，具黄白色斑带；末龄幼虫体色呈绿色，胸部略膨大，后胸背部两侧各具1个假眼，第1腹节后部具褐色环纹，第4～5腹节两侧具1条褐色斜带，但不在背部相连。【蛹】蛹呈绿色或褐色，背部颜色较浅；胸背部略突起，头部顶端中央凹入，两侧呈角状突起。【寄主】寄主为芸香科柑橘 *Citrus reticulata*（579页）、柚 *Citrus maxima*（579页）、枳（枸橘）*Citrus trifoliate*（580页）、香橼 *Citrus medica*（579页）、花椒 *Zanthoxylum bungeanum*（577页）、金柑（金橘）*Citrus japonica*（580页）、黄皮 *Clausena lansium*（580页）等。【分布】广布于我国南方地区。

## 玉斑凤蝶
### *Papilio helenus* Linnaeus

背 ♂ 腹

【成虫】大型凤蝶，全翅呈黑色，后翅具 3 个白斑，亚外缘具红色的新月形斑。【卵】卵圆形，表面光洁，呈黄色。【幼虫】低龄幼虫拟态鸟粪，体色呈黄褐色，具黄白色斑纹；末龄幼虫体色呈绿色，胸背部两侧假眼较大，呈红色，第 4～5 腹节两侧褐色斜带在背部相连，第 6 腹节两侧具 1 条褐色斜带，有时会在背部相连。【蛹】蛹腹部强烈弯曲，如同驼背状，背面明显凹入，头部顶端具 1 对弯向前侧的突起。【寄主】寄主为芸香科椿叶花椒（食茱萸）*Zanthoxylum ailanthoides*（577 页）、楝叶吴茱萸 *Tetradium glabrifolium*（578 页）等。【分布】广布于我国南方地区。

1.卵
2.3龄幼虫
3.末龄幼虫（背面）
4.末龄幼虫（侧面）
5.蛹（侧面）

## 宽带凤蝶
### *Papilio nephelus* Boisduval

1.卵
2.末龄幼虫（背面）
3.末龄幼虫（侧面）
4.蛹

背 ♂ 腹

　　【成虫】大型凤蝶，后翅具4个黄白色斑，腹面亚外缘具黄色的新月形小斑。【卵】卵圆形，呈淡黄色。【幼虫】低龄幼虫拟态鸟粪；末龄幼虫体色呈黄绿色，散布淡绿色细纹，胸背部两侧假眼呈墨绿色及白色，后胸背部和第1腹节后部具黑色环状纹，第4～5腹节两侧的褐色斜带在背部略相连。【蛹】蛹胸背部的突起前伸，腹背部具小突起。【寄主】寄主为芸香科吴茱萸*Tetradium ruticarpum*（578页）、枳（枸橘）*Citrus trifoliate*（580页）。【分布】分布于我国华中区的南部、华南区和西南区。

## 美凤蝶
### *Papilio memnon* Linnaeus

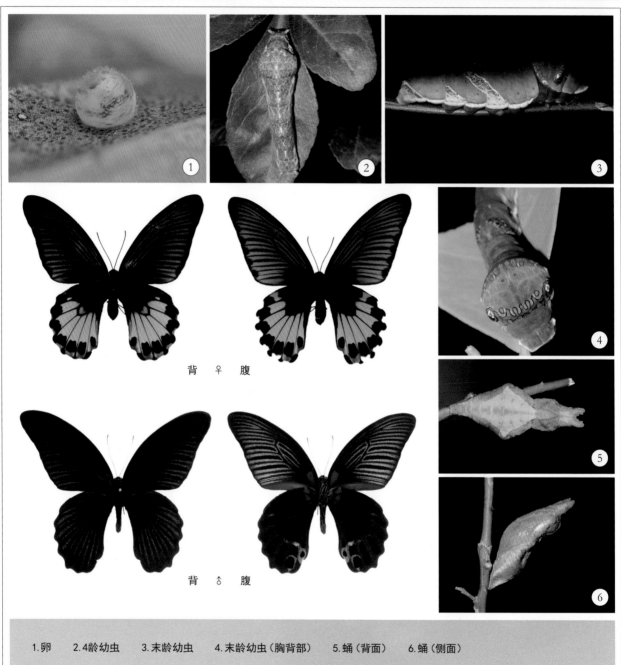

背 ♀ 腹

背 ♂ 腹

1. 卵　　2. 4龄幼虫　　3. 末龄幼虫　　4. 末龄幼虫（胸背部）　　5. 蛹（背面）　　6. 蛹（侧面）

　　【成虫】大型凤蝶，雌雄异型，两翅腹面基部具红斑，雄蝶翅色呈黑色，背面闪有蓝色光泽；雌蝶后翅具白斑，有些个体具尾突。【卵】卵圆形，呈淡黄色。【幼虫】低龄幼虫拟态鸟粪，4龄幼虫体色呈暗绿色，具黄白色细纹；末龄幼虫体色呈绿色，胸背部具1条镶有黑色细边的斑带，两侧各具1个黑色假眼和白斑，第1腹节背部具1条蓝灰色斑带，第4～5腹节两侧具1条灰白色斜带，但不在背部相连，第6腹节和第9～10腹节两侧基部各具1个灰白色的三角形斑。【蛹】蛹呈绿色或褐色，头部顶端的突起较长。【寄主】寄主为芸香科柑橘 *Citrus reticulata*（579页）、柚 *Citrus maxima*（579页）、香橼 *Citrus medica*（579页）等。【分布】分布于我国华中区、西南区和华南区。

## 蓝凤蝶
### *Papilio protenor* Cramer

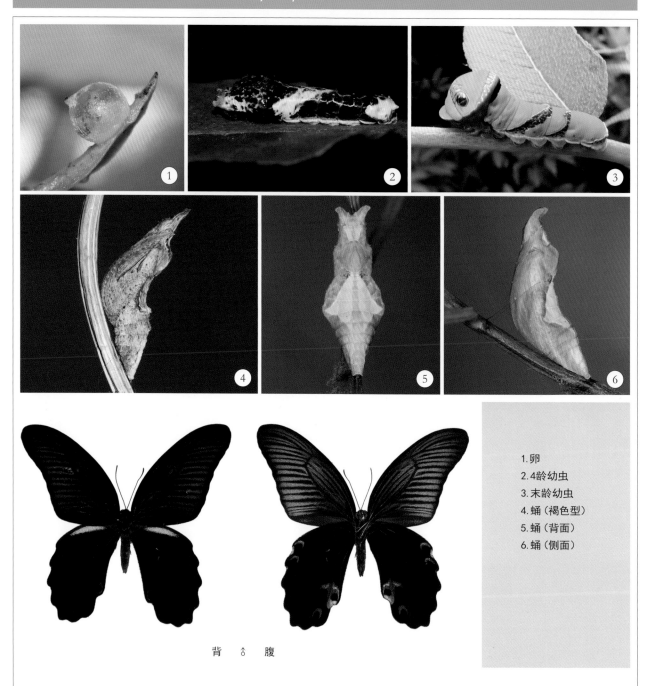

1.卵
2.4龄幼虫
3.末龄幼虫
4.蛹（褐色型）
5.蛹（背面）
6.蛹（侧面）

背 ♂ 腹

　　【成虫】大型凤蝶，后翅通常无尾突；翅背面呈黑色，闪蓝色光泽，雄蝶后翅基部具新月形的粉绿色斑，近臀角处具红色环纹。【卵】卵圆形，呈黄色，表面覆有橙黄色的颗粒物。【幼虫】低龄幼虫拟态鸟粪，体色呈褐色，具白色斑带；末龄幼虫体色呈绿色，胸背部两侧各具1个黑色假眼和数个小白斑，第4～5腹节两侧褐色斜带在背部相连，第6腹节两侧具1条褐色斜带。【蛹】蛹呈绿色或褐色，头部顶端突起朝向背部弯曲。【寄主】寄主为芸香科柑橘 *Citrus reticulata*（579页）、椿叶花椒 *Zanthoxylum ailanthoides*（577页）、竹叶花椒 *Zanthoxylum armatum*（577页）、野花椒 *Zanthoxylum simulans*（577页）、花椒簕 *Zanthoxylum scandens*（578页）等。【分布】分布于我国华北区、东北区、华中区、西南区和华南区。

## 美姝凤蝶
### *Papilio macilentus* Janson

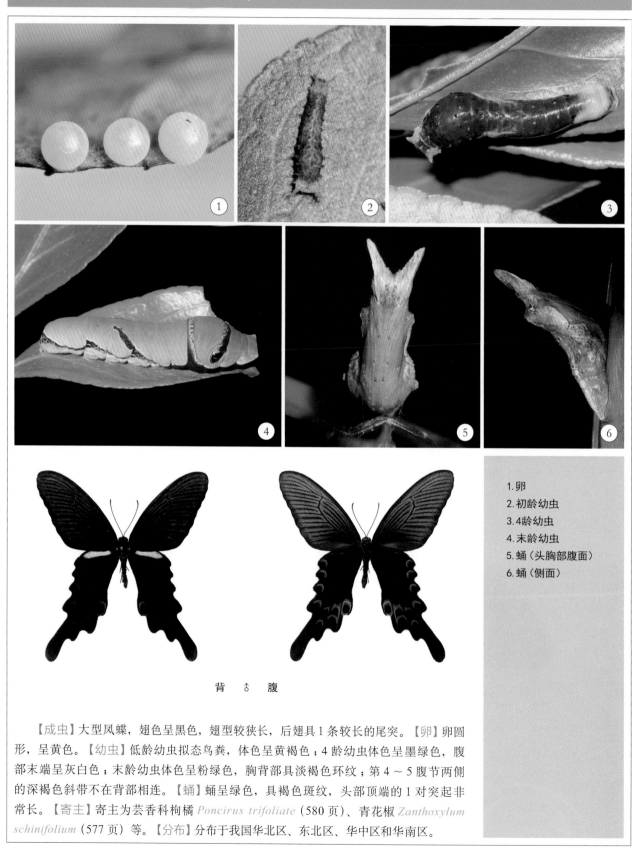

背 ♂ 腹

1. 卵
2. 初龄幼虫
3. 4龄幼虫
4. 末龄幼虫
5. 蛹（头胸部腹面）
6. 蛹（侧面）

　　【成虫】大型凤蝶，翅色呈黑色，翅型较狭长，后翅具1条较长的尾突。【卵】卵圆形，呈黄色。【幼虫】低龄幼虫拟态鸟粪，体色呈黄褐色；4龄幼虫体色呈墨绿色，腹部末端呈灰白色；末龄幼虫体色呈粉绿色，胸背部具淡褐色环纹；第4～5腹节两侧的深褐色斜带不在背部相连。【蛹】蛹呈绿色，具褐色斑纹，头部顶端的1对突起非常长。【寄主】寄主为芸香科枸橘 *Poncirus trifoliate*（580页）、青花椒 *Zanthoxylum schinifolium*（577页）等。【分布】分布于我国华北区、东北区、华中区和华南区。

# 碧凤蝶
## Papilio bianor Cramer

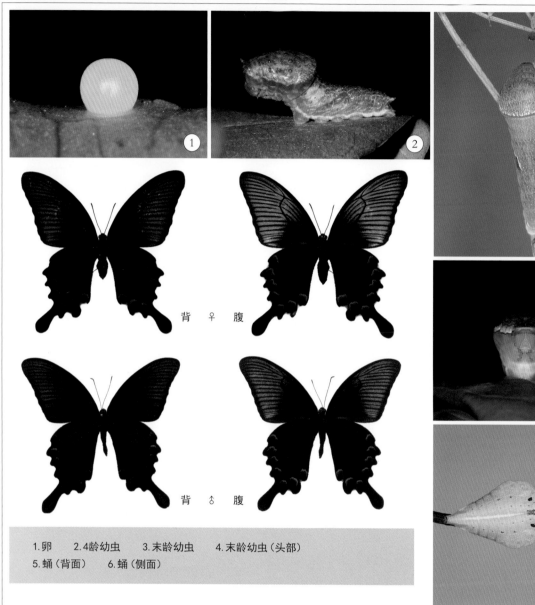

背 ♀ 腹

背 ♂ 腹

1.卵　　2.4龄幼虫　　3.末龄幼虫　　4.末龄幼虫（头部）
5.蛹（背面）　　6.蛹（侧面）

【成虫】大型凤蝶，翅色呈黑色，翅背面散布蓝绿色鳞片，雄蝶前翅后部具绒毛状性标，后翅腹面亚外缘具淡红色斑。【卵】卵圆形，呈淡绿色至淡黄色；散产于寄主植物叶面。【幼虫】低龄幼虫拟态鸟粪，4龄幼虫体色呈绿色，具灰白色细纹；末龄幼虫体色呈翠绿色，散布灰绿色和黄绿色颗粒状斑点。胸部膨大，背面具环状细纹，后胸两侧各具1个红色假眼。【蛹】蛹呈黄绿色或褐色；头部顶端具1对突起，胸部较宽，胸背部中域具钝角状突起。【寄主】寄主为芸香科柑橘 *Citrus reticulata*（579页）、花椒 *Zanthoxylum bungeanum*（577页）、野花椒 *Zanthoxylum simulans*（577页）、竹叶花椒 *Zanthoxylum armatum*（577页）、椿叶花椒 *Zanthoxylum ailanthoides*（577页）、吴茱萸 *Tetradium ruticarpum*（578页）、棟叶吴茱萸 *Tetradium glabrifolium*（578页）等。【分布】分布于我国华北区、华中区、西南区和华南区。

## 穹翠凤蝶
### *Papilio dialis* Leech

背 ♂ 腹

【成虫】大型凤蝶，近似碧凤蝶，但本种尾突较短或消失；尾突内的蓝绿色鳞片均匀分布；雄蝶前翅性标较细且互相分离，后翅腹面灰色鳞片集中在基部。【卵】卵圆形，呈黄色，表面较光洁。【幼虫】1～4龄幼虫体色呈黄褐色，拟态鸟粪，体表棘刺较长；末龄幼虫体色呈绿色，散布灰绿色和黄绿色颗粒状斑点，后胸两侧具鲜红色假眼，第5腹节背部具1对白斑。【蛹】蛹呈黄绿色，背部中域具1条淡褐色纵线；头部顶端较窄，具1对小突起。【寄主】寄主为芸香科椿叶花椒 *Zanthoxylum ailanthoides*（577页）、吴茱萸 *Tetradium ruticarpum*（578页）等。【分布】分布于我国华中区和华南区。

1.卵
2.4龄幼虫
3.末龄幼虫
4.蛹（背面）
5.蛹（侧面）

## 绿带翠凤蝶
### Papilio maackii Ménétries

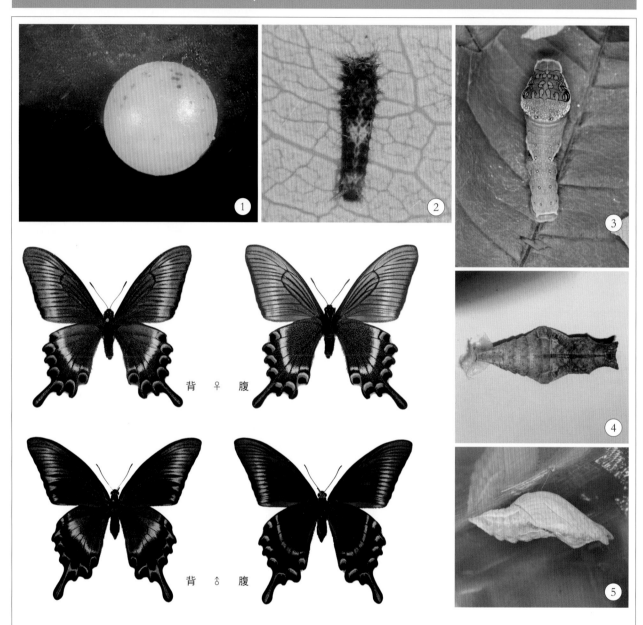

背 ♀ 腹

背 ♂ 腹

1. 卵
2. 初龄幼虫
3. 末龄幼虫
4. 蛹（背面）
5. 蛹（侧面）

【成虫】大型凤蝶，北方个体具鲜明的绿色带，南方个体近似碧凤蝶，主要区别在于前翅顶角较尖；尾突内的蓝绿色鳞片集中于翅脉两侧；雄蝶前翅性标更发达；后翅背面中域的绿色鳞片与亚外缘的新月形蓝斑之间有明显的黑色区。【卵】卵圆形，呈淡绿色；散产于寄主植物叶面或者树干上。【幼虫】低龄幼虫拟态鸟粪，体色较深；末龄幼虫体色呈淡绿色或绿色，体侧的斑带呈黄色，背部具镶有黑边的淡蓝色圆斑。【蛹】蛹呈淡褐色或淡绿色，头部顶端略下凹，两侧略向外突起，胸背部两侧外缘具1个小突起。【寄主】寄主为芸香科青花椒 *Zanthoxylum schinifolium*（577页）、川黄檗 *Phellodendron chinense*（579页）、吴茱萸 *Tetradium ruticarpum*（578页）等。【分布】分布于我国华北区、东北区、华中区和西南区。

## 窄斑翠凤蝶
### *Papilio arcturus* Westwood

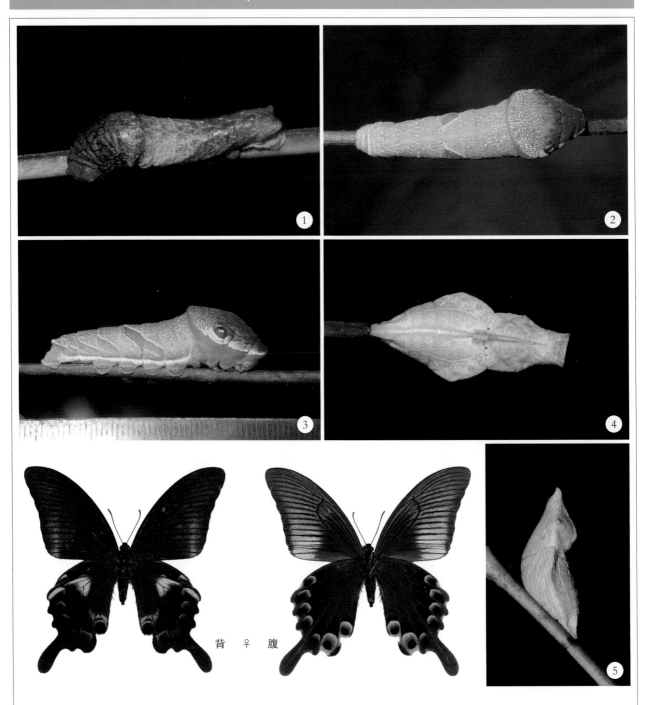

背 ♀ 腹

【成虫】大型凤蝶，翅背面均匀散布黄绿色鳞片，后翅具 1 个明亮的蓝色斑，雄蝶前翅无绒毛状性标。【幼虫】4 龄幼虫体色呈深绿色，背部具 2 列淡蓝色斑点；末龄幼虫体色呈绿色，胸背部散布白色颗粒状小点，两侧各具 1 个橙色假眼，腹背部散布黄色颗粒状小点，第 4～9 腹节两侧的绿色细带镶有黄色细边。【蛹】蛹呈灰绿色，背面呈黄绿色，中域具 1 条淡棕褐色纵线；头部顶端平截。【寄主】寄主为芸香科吴茱萸 *Tetradium ruticarpum*（578 页）。【分布】分布于我国华中区、华南区和西南区。

1. 4龄幼虫
2. 末龄幼虫（背面）
3. 末龄幼虫（侧面）
4. 蛹（背面）
5. 蛹（侧面）

# 粉蝶科

## ——— PIERIDAE ———

**粉蝶科下有4个亚科，我国有3个亚科。**

1.Pierinae 粉蝶亚科

2.Coliadinae 黄粉蝶亚科

3.Dismorphiinae 袖粉蝶亚科

4.Pseudopontiinae 蛾粉蝶亚科（中国无分布）

粉蝶成虫多为中等体型，后翅没有尾突，翅色多以白色、黄色、橙红色和黑色为主。

卵纺锤形，表面具纵脊或纵横垂直相交网纹。许多种类的雌蝶刚产下的卵多呈白色或黄色，发育后卵的颜色会加深，变成橙黄色或者红色。

幼虫为蠋型，宽度较为均匀，体表被有细毛，颜色多呈绿色或黄绿色，常有黑色颗粒状斑纹。斑粉蝶属（*Delias*）幼虫颜色非常鲜艳，以红色、黄色和黑色为主，且细毛很长。

蛹为缢蛹，多呈翠绿色，头部顶端中央具1个小突起，胸背面两侧常具1对棘刺，有些种类（如襟粉蝶属 *Anthocharis*）拟态枯枝，头部呈细长突起状。

寄主偏好：粉蝶亚科多取食十字花科、小檗科、白花菜科、桑寄生科等植物；黄粉蝶亚科主要取食鼠李科、含羞草科、苏木科等植物。

## 报喜斑粉蝶
### *Delias pasithoe* (Linnaeus)

1. 卵    2. 末龄幼虫    3. 蛹（背面）

　　【成虫】中型粉蝶，翅色呈黑色，具灰色和黄色斑纹，后翅腹面基部区域呈红色。【卵】卵呈黄色，聚产于寄主植物叶面。【幼虫】末龄幼虫体表具稀疏的长毛，体色呈棕红色，各体节基本都具1个显眼的黄色细环。【蛹】蛹呈黑色，具光泽，腹部背面具肉色和黄色斑点，头部顶端中央具1个小突起，腹部前端两侧具4对长短不一的棘突。【寄主】寄主为檀香科寄生藤 *Dendrotrophe varians*（575页）。【分布】分布于我国华南区、西南区和华东区南部。

## 绢粉蝶
### *Aporia crataegi* (Linnaeus)

1.卵
2.幼虫
3.越冬幼虫
4.蛹

背 ♂ 腹

　　【成虫】中型粉蝶，翅色呈白色，翅脉呈黑色，翅外缘具三角形灰色斑；翅腹面散布稀疏的黑色鳞片。【卵】卵纺锤形，纵脊明显，呈鲜黄色；聚产于寄主植物叶面。【幼虫】末龄幼虫体表具灰白色长毛，体色呈黑色，背部两侧具宽阔的黄色斑带；越冬幼虫群聚在用植物叶片做成的丝巢中。【蛹】蛹呈淡黄色，具黑色斑点。【寄主】寄主为蔷薇科山杏 *Armeniaca sibirica*（558页）等。【分布】分布于我国华北区、东北区、西南区和蒙新区。

## 小檗绢粉蝶
### *Aporia hippia* (Bremer)

1.卵　　2.幼虫　　3.蛹（侧面）

背　♂　腹

【成虫】近似绢粉蝶，但本种翅腹面呈淡黄色，无散布黑色鳞片，后翅基部具黄色斑。【卵】卵纺锤形，呈黄色；聚产于寄主植物叶面。【幼虫】幼虫体表具灰白色长毛，胸背部具橙红色细毛，背线和体侧呈黑色。【蛹】蛹近似绢粉蝶，但翅区上的黑色斑纹较发达，体表具鲜黄色斑纹。【寄主】寄主为小檗科黄芦木 *Berberis amurensis*（546 页）。【分布】分布于我国华北区、东北区和西南区。

## 灰姑娘绢粉蝶
### *Aporia intercostata* Bang-Haas

背 ♂ 腹

1. 越冬幼虫
2. 末龄幼虫
3. 蛹（侧面）

【成虫】中型粉蝶，翅色呈白色，翅脉和外缘区域呈黑色；翅腹面翅室内具黑色细线，基部具1个黄色斑。【幼虫】幼虫体表密布黄白色长毛，背部以及体侧具黑色纵带，头部和腹部末端呈黑色；越冬幼虫体色呈淡褐色，群聚在用植物叶片卷成的丝巢中。【蛹】蛹近似绢粉蝶，但翅区的黑色斑纹较发达，蛹体色较白。【寄主】寄主为小檗科细叶小檗 *Berberis poiretii*（546页）。【分布】分布于我国北京、河北、陕西、甘肃等地。

## 秦岭绢粉蝶
### *Aporia tsinglingica* (Verity)

1. 幼虫
2. 末龄幼虫
3. 蛹（侧面）

背 ♂ 腹

【成虫】中型粉蝶，翅色呈白色，翅脉和外缘呈黑色；翅腹面中室端呈黑色，后翅翅脉外侧具黄纹，亚外缘具 1 列箭型黑斑。【幼虫】幼虫体色呈黄褐色，体表密布白色长毛，背部以及体侧具黑色带，头部和腹部末端呈黑色；幼虫群聚。【蛹】蛹呈淡黄色，头部顶端具 1 个黄色小突起，蛹体背部散布黑色小点和鲜黄色纵纹，翅区外缘具 1 列黑色小斑。【寄主】寄主为小檗科黄芦木 *Berberis amurensis*（546 页）。【分布】分布于我国陕西、甘肃、四川和青海。

## 菜粉蝶
*Pieris rapae* (Linnaeus)

背　♀　腹

1.卵　　2.末龄幼虫（背面）　　3.末龄幼虫（侧面）　　4.蛹（背面）　　5.蛹（侧面）

　　【成虫】中小型粉蝶，翅色呈白色，顶角呈黑色，前翅中域具黑色斑点。【卵】卵纺锤形，刚产下的卵呈淡黄白色，发育后转变为橙黄色。【幼虫】末龄幼虫体色呈淡绿色，体表密被细毛，散布有许多细小黑点；背部具 1 条淡黄色细线，气孔两侧具小黄斑。【蛹】蛹呈淡绿色或淡褐色，表面具小黑点；头部顶端具 1 个尖突，胸背部具 1 个黑色突起，腹部前端两侧具 2 对黑色小突起。【寄主】寄主为十字花科蔊菜 *Rorippa indica*（549 页）、欧洲油菜 *Brassica napus*（549 页）、青菜 *Brassica rapa*（550 页）、臭独行菜 *Lepidium didymum*（550 页）、北美独行菜 *Lepidium virginicum*（550 页）等。【分布】分布于我国大部分地区。

## 东方菜粉蝶
### Pieris canidia (Sparrman)

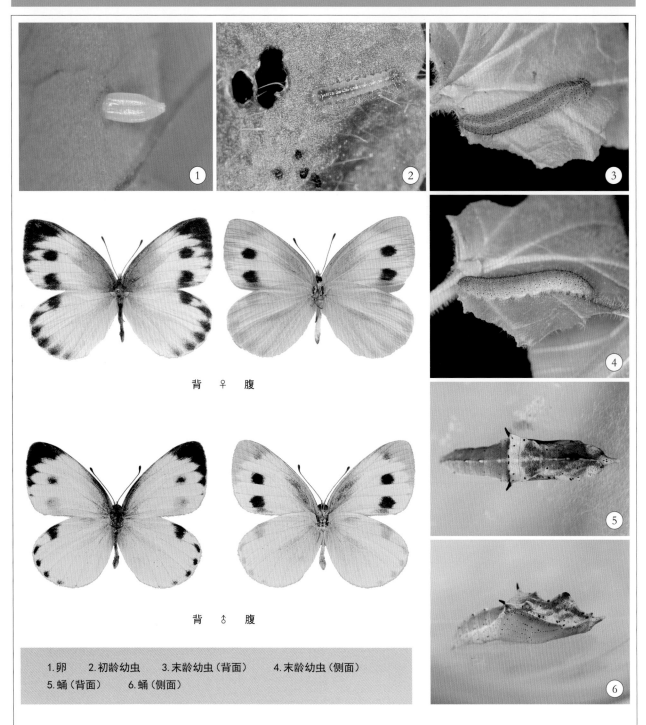

背 ♀ 腹

背 ♂ 腹

1.卵　　2.初龄幼虫　　3.末龄幼虫（背面）　　4.末龄幼虫（侧面）
5.蛹（背面）　　6.蛹（侧面）

　　【成虫】中小型粉蝶，翅色呈白色，近似菜粉蝶，但本种前翅顶角黑斑延伸至外缘，后翅外缘常有黑斑。【卵】卵纺锤形，刚产下的卵呈淡黄白色，发育后转变为橙黄色。【幼虫】幼虫体表散布蓝色和黑色小点，背部具1条鲜黄色纵线，气孔的两侧黄斑发达。【蛹】蛹近似菜粉蝶，但腹背面后侧的突起呈尖刺状。【寄主】寄主为十字花科蔊菜 *Rorippa indica*（549页）、欧洲油菜 *Brassica napus*（549页）、二月兰 *Orychophragmus violaceus*（550页）、弯曲碎米荠 *Cardamine flexuosa*（549页）等。【分布】分布于我国大部分地区。

# 欧洲粉蝶
## *Pieris brassicae* (Linnaeus)

背 ♀ 腹

背 ♂ 腹

1. 幼虫
2. 幼虫预蛹
3. 蛹（背面）
4. 蛹（侧面）

　　【成虫】中型粉蝶，近似菜粉蝶，但本种个体较大，前翅前缘呈黑色。【幼虫】末龄幼虫体色呈暗黄色，体表密布大小不等的黑色斑点，气孔围有黄色斑。【蛹】蛹头部顶端中央的突起较小，但腹部前端两侧的突起不显著，体表散布黑色小点，背部中央具1条黄色细线。【寄主】寄主为十字花科植物。【分布】分布于我国西南区、蒙新区和青藏区。

# 华东黑纹菜粉蝶
*Pieris latouchei* Mell

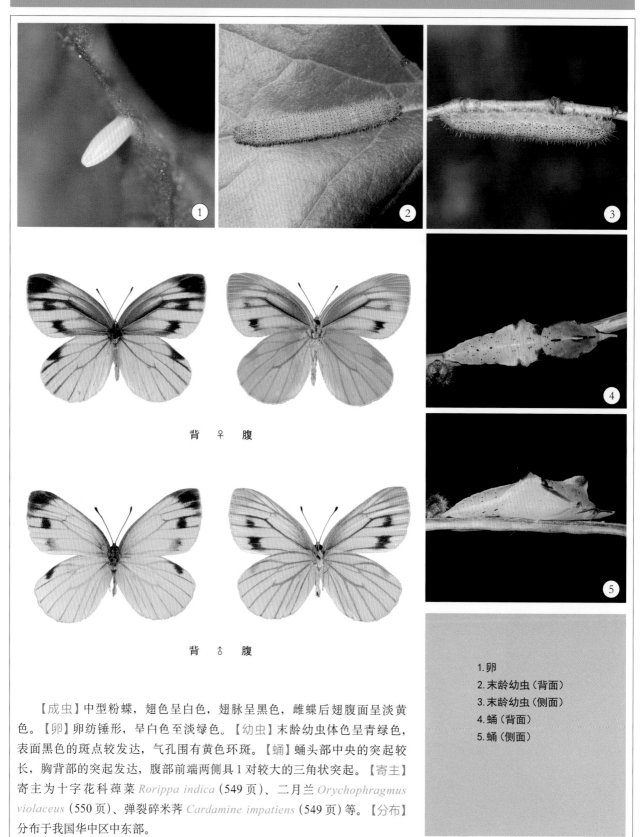

背 ♀ 腹

背 ♂ 腹

1. 卵
2. 末龄幼虫（背面）
3. 末龄幼虫（侧面）
4. 蛹（背面）
5. 蛹（侧面）

【成虫】中型粉蝶，翅色呈白色，翅脉呈黑色，雌蝶后翅腹面呈淡黄色。【卵】卵纺锤形，呈白色至淡绿色。【幼虫】末龄幼虫体色呈青绿色，表面黑色的斑点较发达，气孔围有黄色环斑。【蛹】蛹头部中央的突起较长，胸背部的突起发达，腹部前端两侧具1对较大的三角状突起。【寄主】寄主为十字花科蔊菜 *Rorippa indica*（549页）、二月兰 *Orychophragmus violaceus*（550页）、弹裂碎米荠 *Cardamine impatiens*（549页）等。【分布】分布于我国华中区中东部。

## 橙翅襟粉蝶
### *Anthocharis bambusarum* Oberthür

背 ♀ 腹

背 ♂ 腹

【成虫】小型粉蝶，翅型圆润，雄蝶前翅背面呈橙黄色，雌蝶呈白色，后翅腹面具黄绿色云状花纹。【卵】卵长椭圆形，刚产下的卵呈白色，发育后则呈橙黄色。【幼虫】初龄幼虫体色呈黄色，体表具黑点，头部呈黑色；末龄幼虫背部呈绿色，渐变至体两侧呈灰白色，体表布满大小不等的黑色小点，头部两侧呈黄色。【蛹】蛹呈褐色，具黑色斑点，头部顶端的突起较长，背部呈弧状弯曲。【寄主】寄主为十字花科弹裂碎米荠 *Cardamine impatiens*（549页）。【分布】分布于我国华中区的北部及中部。

1.卵
2.初龄幼虫
3.末龄幼虫
4.蛹（背面）
5.蛹（侧面）

## 黄尖襟粉蝶
### *Anthocharis scolymus* Butler

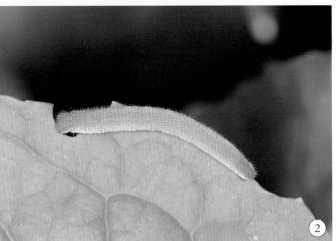

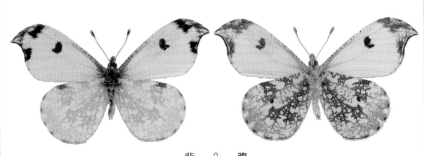

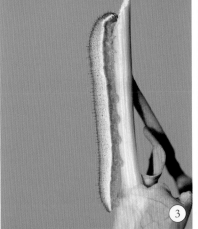

背 ♀ 腹

背 ♂ 腹

　　【成虫】小型粉蝶，前翅近顶角处具钩状突起，雄蝶具橙色斑，雌蝶具白色斑。【卵】卵长椭圆形，刚产下的卵呈白色，发育后呈橙黄色。【幼虫】末龄幼虫背部呈绿色，渐变至体两侧呈灰白色，头部两侧呈白色。【蛹】蛹呈褐色，具黑褐色斑纹，头部顶端突起非常长。【寄主】寄主为十字花科弯曲碎米荠 *Cardamine flexuosa*（549 页）、欧洲油菜 *Brassica napus*（549 页）、二月兰 *Orychophragmus violaceus*（550 页）等。【分布】分布于我国华北区、东北区和华中区。

1. 卵
2. 末龄幼虫（背面）
3. 末龄幼虫（侧面）
4. 蛹（侧面）

## 迁粉蝶
### *Catopsilia pomona* (Fabricius)

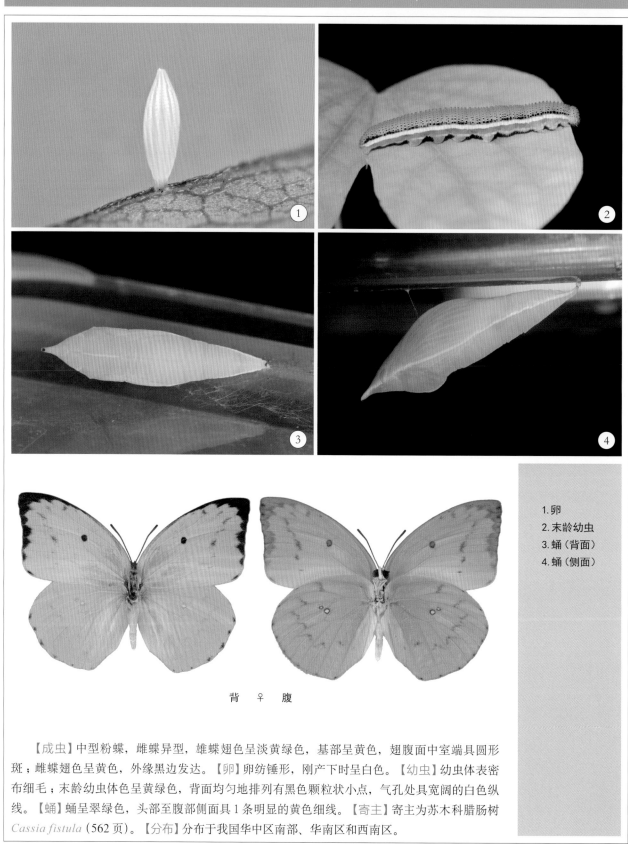

背 ♀ 腹

1. 卵
2. 末龄幼虫
3. 蛹（背面）
4. 蛹（侧面）

　　【成虫】中型粉蝶，雌蝶异型，雄蝶翅色呈淡黄绿色，基部呈黄色，翅腹面中室端具圆形斑；雌蝶翅色呈黄色，外缘黑边发达。【卵】卵纺锤形，刚产下时呈白色。【幼虫】幼虫体表密布细毛；末龄幼虫体色呈黄绿色，背面均匀地排列有黑色颗粒状小点，气孔处具宽阔的白色纵线。【蛹】蛹呈翠绿色，头部至腹部侧面具1条明显的黄色细线。【寄主】寄主为苏木科腊肠树 *Cassia fistula*（562 页）。【分布】分布于我国华中区南部、华南区和西南区。

## 梨花迁粉蝶
### *Catopsilia pyranthe* (Linnaeus)

背 ♀ 腹

1.卵
2.末龄幼虫
3.蛹

【成虫】中型粉蝶，翅色呈淡青色，前翅顶角至外缘呈黑色，中室端具1个黑色小斑；翅腹面具波状细纹。【卵】卵纺锤形，刚产下时呈白色。【幼虫】幼虫近似迁粉蝶，但末龄幼虫体色呈深绿色，气孔处具1条鲜黄色纵线，其上侧具1条蓝绿色纵带。【蛹】蛹呈绿色，腹部侧面具1条黄色细线，头部顶端的突起较小。【寄主】寄主为苏木科黄槐决明 *Cassia surattensis*（562页）、望江南 *Cassia occidentalis*（562页）。【分布】分布于我国华中区南部、华南区和西南区。

## 东亚豆粉蝶
### *Colias poliographus* Motschulsky

背 ♀ 腹

背 ♂ 腹

1.卵
2.初龄幼虫
3.末龄幼虫（背面）
4.末龄幼虫（侧面）
5.蛹

【成虫】中小型粉蝶，雄蝶翅色呈淡黄色，雌蝶翅色呈淡黄色或白色，翅外缘区域具黑斑，前翅中室端具黑斑，后翅中室端具橙色圆斑。【卵】卵纺锤形，刚产下时呈淡黄色，发育后呈红色。【幼虫】初龄幼虫体色呈暗黄色，头部呈黑色；末龄幼虫体色呈绿色，体表密布细毛，气孔处具1条白色纵线，并具橙色和黑色小斑。【蛹】蛹体较粗，头部突起较小；体色呈绿色，腹部侧面中部具淡黄色纵带。【寄主】寄主为蝶形花科草木樨 *Melilotus officinalis*（567页）、田菁 *Sesbania cannabina*（563页）、小巢菜 *Vicia hirsute*（563页）、白车轴草 *Trifolium repens*（564页）、紫花苜蓿 *Medicago sativa*（568页）等。【分布】分布于我国大部分地区。

## 橙黄豆粉蝶
### *Colias fieldii* Ménétriés

背 ♂ 腹

1. 卵　　2. 幼虫　　3. 蛹

【成虫】中小型粉蝶，翅色呈橙黄色，外缘区域呈黑色，前翅中室端具 1 个小黑斑。【卵】卵纺锤形，呈橙黄色。【幼虫】幼虫体色呈淡绿色，密布细毛；气孔处具 1 条白色细线，内具红色细纹；背部两侧具 1 条淡黄色细线。【蛹】蛹呈黄绿色，腹部两侧具黑色小斑。【寄主】寄主为蝶形花科米口袋 *Gueldenstaedtia verna* (567 页)、紫花苜蓿 *Medicago sativa* (568 页) 等。【分布】分布于我国大部分地区。

## 圆翅钩粉蝶
### *Gonepteryx amintha* Blanchard

背 ♀ 腹

背 ♂ 腹

【成虫】中型粉蝶，雄蝶翅背面呈黄色，雌蝶呈淡黄白色，翅腹面呈淡绿色；前翅顶角呈钩状，前后翅中室端具橙色小斑，后翅基部至顶角具1条淡黄色细纹。【卵】卵纺锤形，具明显的纵脊；刚产下时呈淡绿色，发育后呈黄色。【幼虫】初龄幼虫体色呈黄色；末龄幼虫体背呈蓝绿色，散布黑色斑点，体侧呈黄色。【蛹】蛹呈绿色半透明状，翅区基部具黑褐色斑纹，头部顶端具小突起。【寄主】寄主为鼠李科冻绿 *Rhamnus utilis*（576页）、圆叶鼠李 *Rhamnus globosa*（576页）等。【分布】分布于我国华中区、华南区和西南区。

1. 卵
2. 初龄幼虫
3. 末龄幼虫
4. 蛹

## 淡色钩粉蝶
### *Gonepteryx aspasia* Menetries

背 ♀ 腹

背 ♂ 腹

1.幼虫（背面）
2.幼虫（侧面）
3.蛹（侧面）

　　【成虫】中型粉蝶，雄蝶翅色呈淡黄色，雌蝶翅色呈淡黄白色。前翅顶角呈尖钩状，前后翅中室端具橙色小斑。【幼虫】初龄幼虫体色呈黄色；末龄幼虫体色呈绿色，体表散布细小的黑色斑点，体侧呈灰绿色。【蛹】蛹呈绿色半透明状，头部顶端具尖锐突起。【寄主】寄主为鼠李科冻绿 *Rhamnus utilis*（576页）。【分布】分布于我国华北区、东北区、华中区和西南区。

## 北黄粉蝶
### *Eurema mandarina* (de l'Orza)

背 ♀ 腹
（低温型）

背 ♀ 腹
（高温型）

【成虫】中小型粉蝶，翅色呈鲜黄色；近似宽边黄粉蝶，但本种缘毛呈黄色；低温型个体前翅外缘斑黑斑退化。【卵】卵纺锤形，呈白色；散产于寄主植物嫩叶上。【幼虫】末龄幼虫体色呈绿色，体表布满细毛，体侧气孔处具1条白色纵线。【蛹】蛹呈绿色半透明状，头部顶端具1个尖锐突起，胸背部略突起。【寄主】寄主为含羞草科合欢 *Albizia julibrissin*（560页）、山合欢 *Albizia kalkora*（561页）、苏木科豆茶决明 *Cassia nomame*、蝶形花科截叶铁扫帚 *Lespedeza cuneata*（566页）、鼠李科冻绿 *Rhamnus utilis*（576页）等。【分布】分布于我国华北区、东北区、华中区和西南区。

1. 卵
2. 末龄幼虫（背面）
3. 末龄幼虫（侧面）
4. 蛹

# 灰蝶科

## ——— LYCAENIDAE ———

**灰蝶科下有9个亚科, 我国有7个亚科。**

1. Curetinae 银灰蝶亚科

2. Poritiinae 圆灰蝶亚科

3. Miletinae 云灰蝶亚科

4. Lycaeninae 灰蝶亚科

5. Theclinae 线灰蝶亚科

6. Polyommatinae 眼灰蝶亚科

7. Riodininae 蚬蝶亚科

8. Lipteninae 琳灰蝶亚科 (中国无分布)

9. Liphyrinae 大灰蝶亚科 (中国无分布)

灰蝶小型而美丽, 雄蝶翅背面常有金属色光泽, 雄蝶前足跗节退化愈合。

卵扁圆形或圆饼形, 表面具网状纹、凹刻或几何状刻纹, 极具多样性, 颜色多呈白色或淡绿色。

幼虫为蛞蝓型, 头小, 身体中间高两侧低, 体表具细毛。颜色多呈浅绿色或浅红色, 部分种类因取食有毒的杜鹃花科, 体色较为鲜艳。许多灰蝶都与蚂蚁有互利关系 (Protocooperation), 但并不是两者谁也离不开谁的互利共生 (Mutualism), 灰蝶能分泌蜜露给蚂蚁吃, 作为回报, 蚂蚁则保护灰蝶免受一些天敌的攻击。霾灰蝶属 (*Maculinea arion* 和 *Maculinea arionides*) 的种类, 前3龄幼虫取食寄主植物, 末龄幼虫在蚁巢内生活, 取食蚂蚁幼虫。此外, 有些灰蝶种类有做叶巢的习性, 但叶巢结构比较简单。

蛹多为缢蛹, 呈椭圆形。

寄主偏好: 灰蝶幼虫食性非常广, 按照寄主类型可分为植食性和肉食性, 植食性因取食植物的不同部位, 又能细分为叶食型、花食型和蛀果型。云灰蝶亚科为肉食性, 取食半翅目的蚜虫或介壳虫; 银灰蝶亚科主要取食蝶形花科植物; 灰蝶亚科取食蓼科植物; 线灰蝶亚科取食植物类群较广, 有壳斗科、杜鹃花科、桦木科、木犀科、桑寄生科、蔷薇科、蝶形花科、忍冬科等植物; 眼灰蝶亚科取食蝶形花科、景天科、姜科植物以及裸子植物中的苏铁等; 蚬蝶亚科主要取食紫金牛科植物。

## 尖翅银灰蝶
### *Curetis acuta* Moore

背 ♀ 腹

背 ♂ 腹

【成虫】大型灰蝶，前翅顶角尖；翅背面呈褐色，雄蝶翅中域具红色斑；翅腹面呈银白色。【卵】卵扁圆形，呈白色，表面具凹刻。【幼虫】末龄幼虫前胸宽大，后胸和第1腹节背部各具1对不太显著的小突起，第8腹节背部具1对管状触手器。幼虫体色呈淡红色或淡绿色，第5腹节两侧具白色斜带，气孔呈黄褐色。【蛹】蛹体扁圆形，呈绿色，背部具1个"桃"字形白斑。【寄主】寄主为蝶形花科紫藤 *Wisteria sinensis*（566页）、葛 *Pueraria montana*（566页）、网络鸡血藤 *Callerya reticulata*（564页）、香花鸡血藤 *Callerya dielsiana*（564页）等，取食部位为花或嫩叶。【分布】广布于我国南方地区。

1. 卵
2. 末龄幼虫（背面）
3. 末龄幼虫（侧面）
4. 蛹（头胸部）
5. 蛹（侧面）

## 红灰蝶
### *Lycaena phlaeas* (Linnaeus)

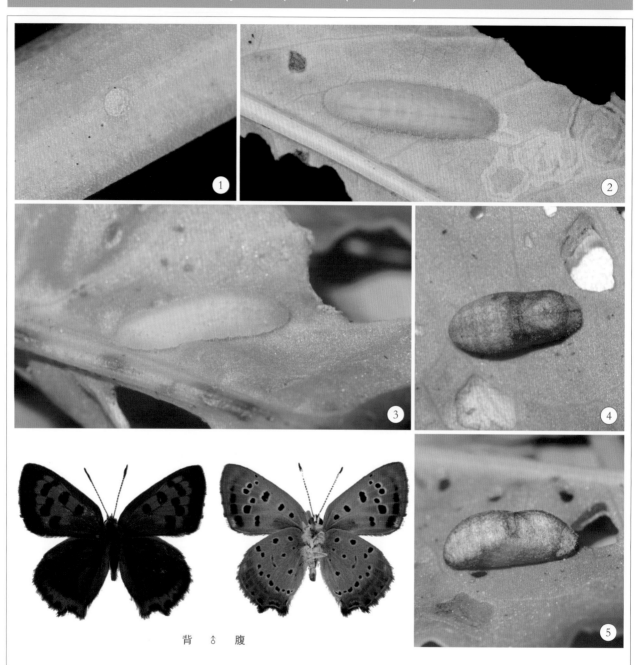

背 ♂ 腹

【成虫】中型灰蝶，前翅背面中域具橙红色斑，内有数个黑点，后翅背面除外缘区外均呈灰褐色。【卵】卵扁圆形，呈灰白色，表面具圆形凹刻，散产于寄主植物叶面或茎干上。【幼虫】末龄幼虫蛞蝓型，体表密布细毛，体色呈淡绿色，有些个体或具淡红色斑纹，背部中央具 1 条深绿色纵线。【蛹】蛹近椭圆形，体表被有细毛；体色呈淡褐色，两侧具深褐色斑纹。【寄主】寄主为蓼科巴天酸模 *Rumex patientia*（553 页）、羊蹄 *Rumex japonicas*（553 页）等。【分布】分布于我国东北区、华北区、华中区和青藏区。

1. 卵
2. 末龄幼虫（背面）
3. 末龄幼虫（侧面）
4. 蛹（背面）
5. 蛹（侧面）

## 蚜灰蝶
*Taraka hamada* (Druce)

背 ♂ 腹

1.卵　　2.末龄幼虫　　3.蛹（背面）

【成虫】小型灰蝶，翅背面呈黑色，部分个体前翅中央具白斑；翅腹面呈白色，散布黑色小斑。【卵】卵扁圆柱形，呈白色；卵顶部略下凹，表面具细小刻纹。【幼虫】末龄幼虫体色呈白色，背部具黑色细纹，体侧具黄色斑纹和白色细毛。【蛹】蛹腹部较宽，如同梨形；色呈灰白色至淡黄褐色，胸背部和腹背部呈黄褐色，两侧具灰色斜带。【寄主】寄主为禾本科竹亚科 *Bambusoideae*、黍亚科 *Panicoideae* 等植物上的多种蚜虫。【分布】广布于我国南方地区。

## 橙灰蝶
### *Lycaena dispar* (Haworth)

背 ♀ 腹

背 ♂ 腹

1. 卵
2. 幼虫（侧面）
3. 蛹（背面）

【成虫】中型灰蝶，雄蝶翅色呈橙黄色，外缘具黑色细带；雌蝶近似红灰蝶，但前翅亚外缘黑斑排列呈直线状。【卵】卵扁圆形，呈白色，表面具 5～6 列放射状圆形凹刻。【幼虫】末龄幼虫蛞蝓型，体表密布细毛，体色呈淡绿色，无明显斑纹。【蛹】蛹近椭圆形，呈黄褐色，胸腹背部中央具 1 条黑褐色纵线，两侧具黑褐色斑纹。【寄主】寄主为蓼科巴天酸模 *Rumex patientia*（553 页）等。【分布】分布于我国东北区和华北区。

## 莎菲彩灰蝶
*Heliophorus saphir* (Blanchard)

背 ♀ 腹

背 ♂ 腹

1.卵
2.3龄幼虫
3.末龄幼虫
4.蛹（背面）
5.蛹（侧面）

　　【成虫】中型灰蝶，后翅具1对尾突；翅背面呈黑褐色，雄蝶翅中域闪蓝紫色金属光泽，雌蝶前翅中域外侧以及后翅亚外缘具橙红色斑；翅腹面呈鲜黄色。【卵】卵扁圆形，呈白色，表面具许多大小不等的圆形凹刻。【幼虫】末龄幼虫体色呈绿色，无明显斑纹，体表密布细毛。【蛹】蛹近椭圆形，腹部较宽；体色呈黄绿色，体侧具褐色小斑。【寄主】寄主为蓼科野荞麦(金荞麦) *Fagopyrum dibotrys* (553页)。【分布】分布于我国华中区。

## 浓紫彩灰蝶
*Heliophorus ila* (de Nicéville & Martin)

背 ♀ 腹

背 ♂ 腹

1. 卵
2. 末龄幼虫
3. 蛹

　　【成虫】中型灰蝶，翅背面呈深褐色，雄蝶翅背面中域闪暗蓝色金属光泽，雌蝶前翅中域和后翅亚外缘具橙色斑；翅腹面呈鲜黄色，外缘区域呈红色。【卵】卵扁圆形，呈白色，表面具许多大小不等的圆形凹刻。【幼虫】末龄幼虫体色呈黄绿色，背部中央具1条深绿色纵线。【蛹】蛹近椭圆形，呈黄绿色，体表具深褐色小斑，气孔呈淡黄色。【寄主】寄主为蓼科火炭母 *Polygonum chinense*（553页）。【分布】分布于我国华中区、华南区和西南区。

# 齿翅娆灰蝶
## *Arhopala rama* Kollar

背 ♀ 腹

背 ♂ 腹

【成虫】中型灰蝶，翅背面呈深褐色，雄蝶翅背面闪蓝紫色金属光泽，雌蝶翅背面的蓝紫色区域较小；翅腹面呈褐色，具暗色斑纹。【卵】卵扁圆形，呈白色，表面密布细小凹刻和尖突。【幼虫】末龄幼虫体色呈黄绿色，气孔呈黄白色，体侧具淡褐色长毛。【蛹】蛹近椭圆形，呈淡褐色，腹背部具黑色斑点及褐色细纹，气孔呈淡褐色。【寄主】寄主为壳斗科青冈 *Cyclobalanopsis glauca*（569页）等。【分布】广布于我国南方地区。

1. 卵
2. 2龄幼虫
3. 末龄幼虫
4. 蛹

## 玛灰蝶
*Mahathala ameria* (Hewitson)

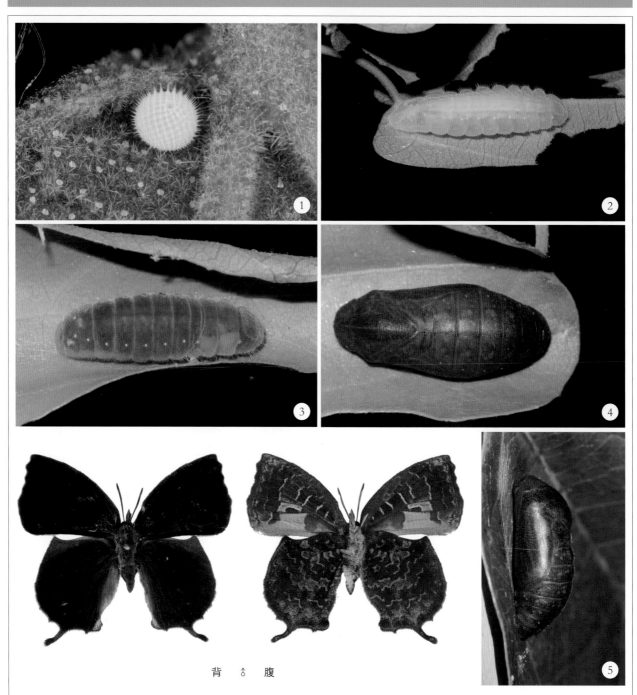

背 ♂ 腹

【成虫】中型灰蝶，翅背面呈深褐色，翅中域闪蓝紫色金属光泽；后翅前缘凹入状，具1对尾突；翅腹面淡褐色至深褐色，具褐色细波纹。【卵】卵扁圆形，呈白色，表面密布网纹和细毛状突起。【幼虫】末龄幼虫体色呈绿色，蛞蝓型，体侧呈波状，密布细毛，气孔呈白色；末龄幼虫预蛹前的体色由绿色逐渐变为棕红色。幼虫有做叶巢并栖息在内的习性。【蛹】蛹长椭圆形，呈棕褐色，具深褐色斑纹。【寄主】寄主为大戟科石岩枫 *Mallotus repandus*（555页）。【分布】广布于我国南方地区。

1. 卵
2. 末龄幼虫
3. 幼虫预蛹
4. 蛹（背面）
5. 蛹（侧面）

## 杨氏新娜灰蝶
### *Zinaspa youngi* Hsu

背 ♂ 腹

【成虫】中小型灰蝶，翅背面呈褐色，前翅中域具暗蓝紫色斑；翅腹面赭褐色，具灰白色细波纹，后翅臀角处呈突起状。【卵】卵扁圆形，呈淡绿色，表面具非常密集但排列有序的小突起；散产于寄主植物嫩叶或嫩芽上。【幼虫】末龄幼虫体色呈绿色，背部颜色稍淡，具"八"字形白纹，气门处具1条白色细带。【蛹】蛹呈椭圆形，呈深棕褐色，背部两侧各具1列小凹刻，气孔呈淡褐色。【寄主】寄主为含羞草科藤金合欢 *Acacia concinna*（561页）。【分布】分布于我国广东、广西等地。

1. 卵
2. 末龄幼虫（背面）
3. 末龄幼虫（侧面）
4. 蛹（背面）
5. 蛹（侧面）

## 尧灰蝶
### *Iozephyrus betulinus* (Staudinger)

背 ♀ 腹

背 ♂ 腹

1.卵
2.幼虫
3.蛹

【成虫】中型灰蝶，翅背面呈黑褐色；翅腹面呈褐色，中域具暗色带，其外侧镶有白边；后翅具 1 对尾突。【卵】卵扁圆形，呈白色，顶部呈突起状，表面除顶部区域外均具圆形凹刻。【幼虫】末龄幼虫体色呈淡黄绿色，体节处呈灰白色，背部具黄白色斑纹，体表密布白色细毛。【蛹】蛹椭圆形，呈淡褐色，密布褐色小斑点。【寄主】寄主为蔷薇科山荆子 *Malus baccata* (559 页)。【分布】分布于我国华北区、东北区和西南区。

## 黄灰蝶
### *Japonica lutea* (Hewitson)

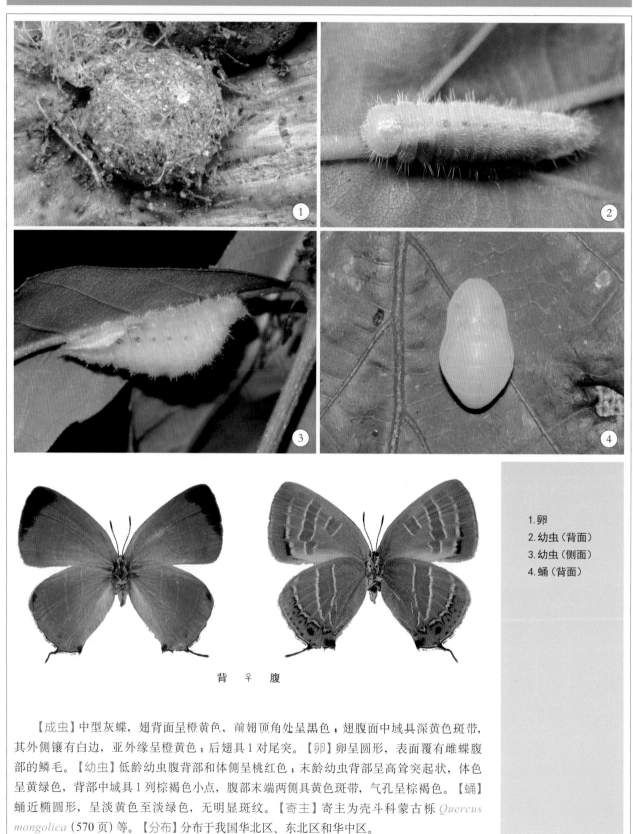

背 ♀ 腹

1. 卵
2. 幼虫（背面）
3. 幼虫（侧面）
4. 蛹（背面）

　　【成虫】中型灰蝶，翅背面呈橙黄色，前翅顶角处呈黑色，翅腹面中域具深黄色斑带，其外侧镶有白边，亚外缘呈橙黄色；后翅具1对尾突。【卵】卵呈圆形，表面覆有雌蝶腹部的鳞毛。【幼虫】低龄幼虫腹背部和体侧呈桃红色；末龄幼虫背部呈高耸突起状，体色呈黄绿色，背部中域具1列棕褐色小点，腹部末端两侧具黄色斑带，气孔呈棕褐色。【蛹】蛹近椭圆形，呈淡黄色至淡绿色，无明显斑纹。【寄主】寄主为壳斗科蒙古栎 *Quercus mongolica*（570页）等。【分布】分布于我国华北区、东北区和华中区。

## 精灰蝶
### *Artopoetes pryeri* (Murray)

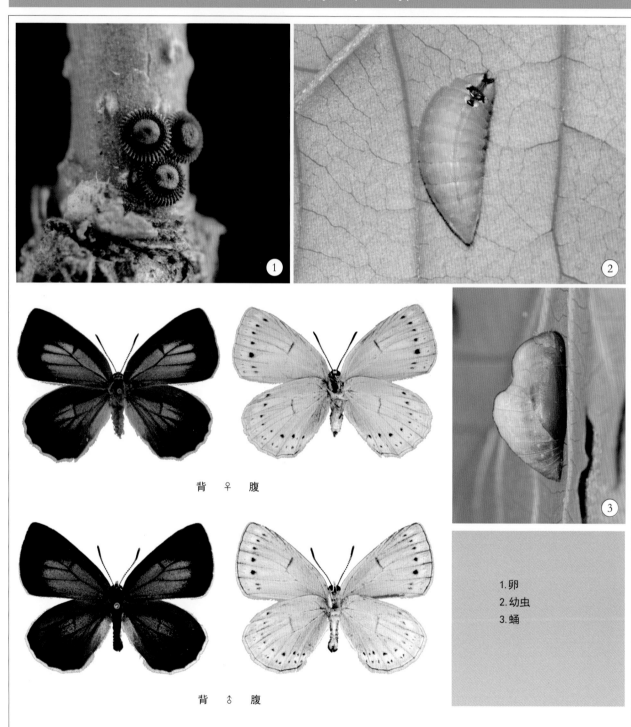

背 ♀ 腹

背 ♂ 腹

1.卵
2.幼虫
3.蛹

　　【成虫】中型灰蝶，翅背面呈黑褐色，中域具淡蓝色或蓝白色斑纹；翅腹面呈白色，亚外缘具 2 列小黑点。【卵】卵如同草帽状，呈暗紫色，外缘如同细齿轮状；顶部突起，精孔区凹入。【幼虫】末龄幼虫头、尾部较尖，体色呈黄绿色，胸背部中央具棕红色和黄色斑纹。【蛹】蛹呈淡棕色，背部中央具 1 条褐色线，腹背部中央显著突起。【寄主】寄主为木犀科北京丁香 *Syringa reticulate* subsp. *pekinensis*（586 页）、暴马丁香 *Syringa reticulata*（585 页）等。【分布】分布于我国华北区、东北区以及华中区北部。

## 璞精灰蝶
### *Artopoetes praetextatus* (Fujioka)

背 ♂ 腹

1. 卵　　2. 幼虫　　3. 蛹

【成虫】中型灰蝶，翅背面呈黑褐色，前翅中域闪蓝紫色金属光泽；翅腹面呈淡黄褐色，外缘区域呈淡橙黄色，具黑色、白色斑列。【卵】卵如同草帽状，呈淡棕褐色，外缘如同细齿轮，顶部呈突起状，精孔区凹入。【幼虫】末龄幼虫体色呈黄绿色，胸背部中央具棕红色和黄色斑纹，气孔呈白色，其上方具黑色颗粒状斑点。【蛹】蛹呈淡棕色，背部散布灰白色小点，腹部侧面呈黑褐色，背部中央具1条黑线，气孔呈灰白色。【寄主】寄主为木犀科北京丁香 *Syringa reticulate* subsp. *pekinensis* (586页)、暴马丁香 *Syringa reticulate* (585页筹。【分布】分布于我国华北区和华中区北部。

## 范赭灰蝶
### *Ussuriana fani* Koiwaya

背 ♀ 腹

背 ♂ 腹

1. 卵
2. 末龄幼虫
3. 蛹

　　【成虫】中型灰蝶，翅背面呈深褐色，前翅中域具橙色斑，其中雌蝶的橙色斑较雄蝶发达；翅腹面呈淡黄色，中域外侧具银白色和橙黄色斑带。【卵】卵呈白色，表面具明显凹刻；雌蝶将卵单产在寄主植物当年的新枝上。【幼虫】末龄幼虫体色呈灰黄色，体表散布褐色小点，背部中央除中间几个体节外，其余体节均具暗红色斑。预蛹前幼虫体色转变为黄褐色或红褐色。【蛹】蛹长椭圆形，呈棕褐色，翅区呈淡褐色，气孔呈淡黄色。【寄主】寄主为木犀科庐山梣 *Fraxinus sieboldiana*（585 页）以及白蜡属 *Fraxinus sp.*（585 页）等植物。【分布】分布于我国华北区和华中区。

## 赭灰蝶
### *Ussuriana michaelis* (Oberthür)

背 ♀ 腹

背 ♂ 腹

1.卵　2.3龄幼虫　3.末龄幼虫　4.末龄幼虫　5.蛹（背面）　6.蛹（侧面）

　　【成虫】中型灰蝶，前翅中域具变化幅度较大的橙色斑；翅腹面极近似范赭灰蝶，但后翅腹面顶角处的黑斑相对显著。【卵】卵灰白色，表面具较大突起；常聚产于寄主植物主干的树皮裂缝中，初龄幼虫孵化后会分散移动至枝叶各处。【幼虫】末龄幼虫体色呈淡黄色或淡灰色，散布赭褐色或深灰色点刻状斑，背部具深灰色斑和白色细纹。化蛹前幼虫体色逐渐转变为黄褐色或红褐色。【蛹】蛹椭圆形，呈棕褐色或棕红色，具深褐色斑，背部中央具1条深褐色细线。【寄主】寄主为木犀科苦枥木 *Fraxinus insularis*（585页）、庐山梣 *Fraxinus sieboldiana*（585页）等。【分布】分布于我国东北区、华北区、华中区以及华南区。

## 陕灰蝶
### *Shaanxiana takashimai* Koiwaya

背 ♂ 腹

1. 末龄幼虫
2. 蛹（背面）

【成虫】中小型灰蝶，翅背面呈黑褐色；翅腹面呈黄色，亚外缘具1条橙红色带，其内侧具1列新月形白斑；后翅具1对尾突。【幼虫】末龄幼虫体色呈黄色，体表密布细毛，背部具蓝色纵带，头部呈黑色。【蛹】蛹椭圆形，呈淡绿色，腹背部呈黄色，具棕色"U"字形斑带。【寄主】寄主为木犀科白蜡属 *Fraxinus*（585页）植物。【分布】分布于我国陕西、四川等地。

# 工灰蝶
*Gonerilia seraphim* (Oberthür)

背 ♂ 腹

1.末龄幼虫（背面）　　2.末龄幼虫（侧面）　　3.蛹（侧面）

　　【成虫】中小型灰蝶，翅呈淡橙黄色，前翅背面顶角至外缘呈黑色，后翅顶角处具1个小黑点；后翅腹面外缘具1列小斑，亚外缘具1条白线。【幼虫】末龄幼虫体色呈淡绿色，背部中央具淡褐色细毛，背部两侧具淡黄色斜带，体侧呈波状并具细毛。【蛹】蛹椭圆形，呈淡褐色，腹部背部具深褐色斜纹，气孔呈淡褐色。【寄主】寄主为桦木科榛 *Corylus heterophylla*（569页）。【分布】分布于我国华中区。

## 北协工灰蝶
### Pseudogonerilia kitawakii (Koiwaya)

背 ♀ 腹

背 ♂ 腹

1. 末龄幼虫
2. 蛹（背面）
3. 蛹（侧面）

【成虫】中小型灰蝶，翅背面呈黄色，前翅顶角呈黑色；翅腹面呈黄色，中域具白色线纹，亚外缘具黑色斑点。【幼虫】末龄幼虫呈蛞蝓状，胸背部具1对伸向前方的突起；背部呈淡黄色，两侧具白色和褐色斜纹，体侧呈淡紫红色。【蛹】蛹近椭圆形，呈黄褐色，背部颜色较淡，中央具1条黑色纵线，两侧具淡褐色斜纹。【寄主】寄主为桦木科千金榆 Carpinus cordata 等。【分布】分布于我国陕西、四川、甘肃等地。

## 珂灰蝶
### Cordelia comes (Leech)

背　♀　腹

1. 末龄幼虫　　2. 幼虫预蛹　　3. 蛹（背面）

　　【成虫】中小型灰蝶，翅色呈橙黄色，前翅背面顶角处呈黑色，后翅腹面亚外缘具红色斑列。【幼虫】末龄幼虫体色鲜艳，呈黄绿色，背部具1条深蓝色细线，体侧气孔上方具淡蓝色纵带。末龄幼虫预蛹期体色呈淡紫红色。【蛹】蛹椭圆形，呈淡褐色，背部和腹部区域颜色略深，具深褐色杂斑；气孔呈淡褐色。【寄主】寄主为桦木科昌化鹅耳枥 *Carpinus tschonoskii*（569页）等。【分布】分布于我国华中区。

## 青灰蝶
### *Antigius attilia* (Bremer)

背 ♀ 腹

1. 3龄幼虫
2. 末龄幼虫
3. 蛹（侧面）
4. 蛹（背面）

　　【成虫】中小型灰蝶，翅背面呈黑褐色，后翅亚外缘具白色斑列；翅腹面呈灰白色，中域具 1 条宽阔的深褐色斑带，亚外缘具 2 列黑斑。【幼虫】末龄幼虫体色呈绿色，背部具"Y"字形黄纹，体节间呈黄色，各腹节背部耸起，末端具细毛；体侧具黄色细斜纹，气孔下侧具 1 条黄色纵带。末龄幼虫预蛹期间呈棕褐色。【蛹】蛹长椭圆形，胸背部具黄色毛簇；头部和腹部呈棕褐色，胸背部和翅区呈淡褐色，并布有深褐色斑。【寄主】寄主为壳斗科蒙古栎 *Quercus mongolica*（570 页）、锐齿槲栎 *Quercus aliena* var. *acuteserrata* 等。【分布】分布于我国东北区、华北区、华中区和西南区。

## 斜线华灰蝶
### *Wagimo asanoi* Koiwaya

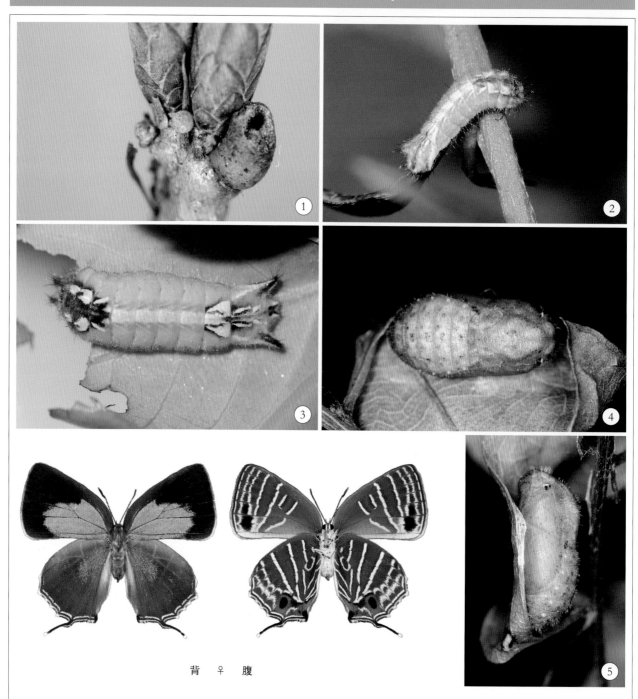

背 ♀ 腹

【成虫】中型灰蝶，翅背面呈深褐色，前翅中域闪蓝紫色金属光泽；翅腹面呈褐色，具许多白色细线，前翅后缘中部区域具1条白色斜线。【卵】卵扁圆形，呈白色，表面密布小突起。【幼虫】低龄幼虫体色呈淡绿色，背部呈白色；末龄幼虫胸背部呈褐色，外侧具黄斑，第8腹节背部两侧具尖锐突起。【蛹】蛹长椭圆形，蛹体表面密布短细毛；翅区呈淡褐色，气孔呈淡黄褐色。【寄主】寄主为壳斗科青冈属 *Cyclobalanopsis* 多种植物。【分布】分布于我国华中区。

1.卵
2.低龄幼虫
3.末龄幼虫
4.蛹（背面）
5.蛹（侧面）

## 华灰蝶
### *Wagimo sulgeri* (Oberthür)

背 ♀ 腹

背 ♂ 腹

1.幼虫
2.蛹（背面）
3.蛹（侧面）

　　【成虫】中型灰蝶，翅背面呈深褐色，前翅基部至中域闪暗蓝色金属光泽；翅腹面呈褐色，具许多白线，但前翅后缘中部区域无白色斜线。【幼虫】末龄幼虫体色呈绿色，胸背部中域呈红褐色，外侧具黄斑；腹背部中央具黄白色纵带，第8腹节背部两侧具尖锐突起。幼虫常咬断寄主植物叶片的叶脉，并栖息于叶反面。【蛹】蛹长椭圆形，呈褐色；蛹体表面密布灰白色短细毛，具黑色斑点和斑带。【寄主】寄主为壳斗科橿子栎 *Quercus baronii*（570页）。【分布】分布于我国华中区和西南区。

# 璐灰蝶
## *Leucantigius atayalica* (Shirôzu & Murayama)

1. 卵
2. 3龄幼虫
3. 末龄幼虫
4. 蛹（侧面）

背　♀　腹

　　【成虫】中型灰蝶，翅背面呈黑褐色，翅腹面呈白色或灰白色，中域至外缘具数条褐色纵线；后翅具1对尾突。【卵】卵扁圆形，呈白色，表面具网状纹。【幼虫】幼虫体色呈黄绿色，体背部中央具1条棕褐色纵线，体表密布细毛，气孔呈淡褐色。幼虫有做叶巢的习性。【蛹】蛹近椭圆形，呈棕褐色，背部呈灰褐色，胸侧面至翅区以及腹部末端的区域呈深褐色。【寄主】寄主为壳斗科青冈 *Cyclobalanopsis glauca*（569页）。【分布】分布于我国华中区和华南区。

## 冷灰蝶
### *Ravenna nivea* (Nire)

背 ♀ 腹

背 ♂ 腹

【成虫】中型灰蝶，雄蝶翅背面呈淡蓝色，雌蝶呈灰白色；翅腹面呈白色，具许多褐色细线；后翅具1对尾突。【卵】卵扁圆形，呈白色，表面具网状纹。【幼虫】低龄幼虫体色呈黄绿色，体表覆有植物叶面的细毛；末龄幼虫体色呈红褐色，背部两侧具黄白色斜纹，第 4 ~ 6 腹节背部呈黄绿色。【蛹】蛹近椭圆形，腹部膨大；体色呈黄褐色，胸背部颜色较淡，腹背部两侧具橙色斜纹。【寄主】寄主为壳斗科青冈 *Cyclobalanopsis glauca* (569 页)。【分布】分布于我国华中区。

1.卵
2.低龄幼虫
3.末龄幼虫（背面）
4.末龄幼虫（侧面）
5.蛹（背面）

# 虎灰蝶
*Yamamotozephyrus kwangtungensis* (Forster)

背 ♀ 腹

背 ♂ 腹

【成虫】中小型灰蝶，翅背面呈黑褐色，雄蝶前翅闪淡蓝色金属光泽；翅腹面呈白色，具许多黑色粗带纹和斑点，后翅近臀角处呈橙红色。【卵】卵扁圆形，呈白色，表面密布圆形凹刻。【幼虫】幼虫体色呈黄绿色，体背部中央具1条棕褐色纵线，腹部末端具1个黑斑；体表散布棕褐色小斑点，气孔呈黄色。幼虫有做叶巢的习性。【蛹】蛹长椭圆形，呈淡棕褐色，腹背部中央具1条黑色纵线，气孔呈淡褐色。【寄主】寄主为壳斗科锥属 *Castanopsis* 植物。【分布】分布于我国华中区南部、华南区和西南区。

1. 卵
2. 末龄幼虫（背面）
3. 末龄幼虫（侧面）
4. 蛹（侧面）

# 阿里山铁灰蝶
## *Teratozephyrus arisanus* (Wileman)

1. 卵
2. 末龄幼虫
3. 蛹（背面）
4. 蛹（侧面）

背 ♂ 腹

　　【成虫】中型灰蝶，翅背面呈黑褐色，前翅中域常具2个小黄斑；翅腹面灰白色，具变异幅度较大的黑色斑带。【卵】卵扁圆形，呈灰白色，表面密布小突起。【幼虫】末龄幼虫体色呈淡黄色至淡黄绿色，背线呈绿色，气孔呈褐色。【蛹】蛹椭圆形，呈淡褐色，密布深褐色斑纹和斑点，腹背部中央具1条深褐色细线。【寄主】寄主为壳斗科青冈属 *Cyclobalanopsis* 多种植物。【分布】分布于我国浙江、安徽、四川、云南、台湾等地。

## 美丽何华灰蝶
### *Howarthia melli* (Forster)

背 ♂ 腹

【成虫】中型灰蝶，翅呈黑褐色，前翅背面基部至中域闪暗蓝色金属光泽，中域外侧或具1个橙色斑纹。翅腹面呈棕褐色，后翅近臀角处呈橙黄色。【卵】卵扁圆形，呈白色，表面密布细小凹刻和尖突。【幼虫】幼虫体色呈黄绿色，体表密布黄白色细毛；背部两侧具黄白色斜纹，气孔呈黄色；胸背部呈淡棕红色；头部呈黑色。【蛹】蛹长椭圆形，头部顶端具1对小突起；头胸部背面呈褐色；腹部呈淡褐色，具褐色颗粒状细纹，两侧具1列小黑点；气孔呈淡黄色。【寄主】寄主为杜鹃花科刺毛杜鹃 *Rhododendron championae*（583页）。【分布】分布于我国华中区。

1. 卵
2. 初龄幼虫
3. 末龄幼虫（背面）
4. 末龄幼虫（侧面）
5. 蛹（背面）

## 闪光金灰蝶
*Chrysozephyrus scintillans* (Leech)

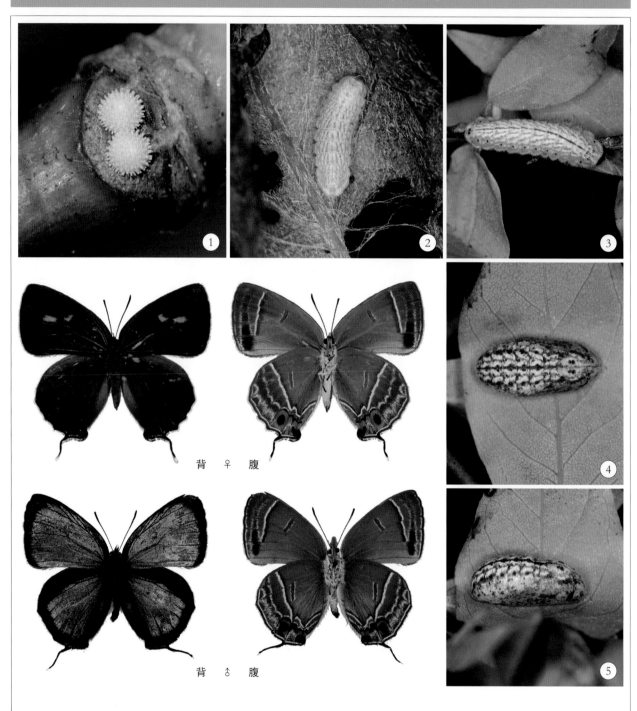

背 ♀ 腹

背 ♂ 腹

【成虫】中型灰蝶，雄蝶翅背面闪翠绿色金属光泽，雌蝶翅背面呈深褐色，翅腹面呈淡褐色，具白色和深褐色带纹。【卵】卵扁圆形，呈白色，表面密布小突起。【幼虫】低龄幼虫体色呈淡黄色；末龄幼虫背部呈灰蓝色，背部中央具1条蓝色纵线，两侧具蓝色斜纹；气孔呈黑色，其下侧区域呈黄色。【蛹】蛹近椭圆形，呈淡褐色，具许多黑色斑纹，腹背部具许多红棕色细纹。【寄主】寄主为杜鹃花科毛果珍珠花 *Lyonia ovalifolia*（583页）。【分布】分布于我国华中区。

1. 卵
2. 3龄幼虫
3. 末龄幼虫
4. 蛹（背面）
5. 蛹（侧面）

## 重金灰蝶
*Chrysozephyrus smaragdinus* (Bremer)

背 ♂ 腹

1.卵　　2.幼虫　　3.蛹

　　【成虫】中型灰蝶，雄蝶翅背面闪翠绿色金属光泽，外缘黑边较细；翅腹面呈淡褐色，具白色和深褐色带纹。【卵】卵扁圆形，呈白色，表面密布小突起。【幼虫】末龄幼虫体色呈鲜黄色，体节间呈黄白色，头部以及气孔呈黑色。【蛹】蛹近椭圆形，呈淡褐色，具不规则的深褐色斑纹，气孔呈淡褐色。【寄主】寄主为蔷薇科稠李 *Padus avium*（558页）。【分布】分布于我国华北区、东北区、华中区和西南区。

## 高氏金灰蝶
### *Chrysozephyrus gaoi* Koiwaya

背 ♀ 腹

1.3龄幼虫    2.末龄幼虫    3.蛹（背面）

　　【成虫】中型灰蝶，雄蝶翅背面闪暗绿色金属光泽，翅外缘呈黑色；雌蝶翅背面褐色，中域具2个橙色斑；翅腹面灰褐色，具白色线纹。【幼虫】末龄幼虫体色呈白色，具许多棕色带纹，拟态鸟粪。幼虫常栖息于寄主植物叶基部，常将叶片的叶脉咬断。【蛹】蛹近椭圆形，呈深褐色，胸背部和腹背部具黄白色斑纹。【寄主】寄主植物为蔷薇科刺毛樱桃 *Prunus setulosa*。【分布】分布于我国陕西、甘肃、四川、云南等地。

# 林氏金灰蝶
## *Chrysozephyrus linae* Koiwaya

背 ♀ 腹

背 ♂ 腹

1. 3龄幼虫
2. 末龄幼虫
3. 蛹（背面）
4. 蛹（侧面）

【成虫】中型灰蝶，雄蝶翅背面具暗绿色金属光泽，外缘及亚外缘区域呈黑色，翅脉呈黑褐色；雌蝶翅背面呈褐色，中域具 2 个较小的橙色斑；翅腹面呈灰褐色，具白色线纹。【幼虫】低龄幼虫有群聚习性，体色呈淡棕褐色，背部中央具 1 条褐色细线，背部两侧颜色较淡；末龄幼虫体色呈深绿色，有咬断寄主植物叶脉及做叶巢的习性。【蛹】蛹近椭圆形，背部呈白色，胸背部具 1 对小黑斑，腹背部具数列小黑点。【寄主】寄主为蔷薇科短梗稠李 *Padus brachypoda*（558 页）。【分布】分布于我国陕西、甘肃、四川、云南等地。

# 缪斯金灰蝶
## *Chrysozephyrus mushaellus* (Matsumura)

背 ♀ 腹

背 ♂ 腹

1.卵
2.末龄幼虫
3.蛹

【成虫】中型灰蝶，雄蝶翅背面闪翠绿色金属光泽，外缘黑边较宽；雌蝶仅前翅背面中下部具蓝色斑；翅腹面呈褐色，具白色带纹。【卵】卵扁圆形，呈白色，表面密布小突起。【幼虫】低龄幼虫体色呈黄绿色；末龄幼虫体色通常呈橙色，预蛹前呈红色，具淡黄色斑点，气孔呈黑色。【蛹】蛹近椭圆形，呈淡褐色，背部中央具1条黑色纵带，体表具深褐色和黑色斑点，气孔呈淡褐色。【寄主】寄主为壳斗科柯属 *Lithocarpus* 植物。【分布】分布于我国华中区和西南区。

艳灰蝶
*Favonius orientalis* (Murray)

背 ♀ 腹

背 ♂ 腹

1.卵
2.幼虫
3.蛹

【成虫】中型灰蝶，雄蝶翅背面闪翠绿色金属光泽，外缘的黑边极窄；翅腹面呈灰白色，具白色细带，后翅近臀角处具橙色斑。【卵】卵扁圆形，呈白色，表面密布细小突起。【幼虫】末龄幼虫体色呈灰褐色，背部中央具2条平行淡紫色细线和"八"字形淡色斜纹。【蛹】蛹近椭圆形，呈淡褐色，密布黑褐色斑纹及斑点。【寄主】寄主为壳斗科蒙古栎 *Quercus mongolica*（570页）、槲栎 *Quercus aliena* 等。【分布】分布于我国华北区、东北区、华中区和西南区。

## 考艳灰蝶
### *Favonius korshunovi* (Dubatolov & Sergeev)

背 ♀ 腹

背 ♂ 腹

1.卵
2.幼虫
3.蛹

　　【成虫】中型灰蝶，雄蝶翅背面闪翠绿色金属光泽，全翅外缘黑边极细；翅腹面呈褐色，中域具白色细线。【卵】卵扁圆形，呈白色，表面密布细小突起，精孔区凹入。【幼虫】末龄幼虫体色呈灰褐色，体表密布细毛，背部中央具1条黑色细线，腹背部末端呈淡褐色，气孔呈黑色。【蛹】蛹近椭圆形，呈淡黄褐色，密布不规则的黑褐色斑纹。【寄主】寄主为壳斗科蒙古栎 *Quercus mongolica*（570页）、锐齿槲栎 *Quercus aliena* var. *acuteserrata* 等。【分布】分布于我国华北区、东北区、华中区和西南区。

# 黎氏艳灰蝶
## *Favonius leechina* Lamas

背 ♀ 腹

背 ♂ 腹

【成虫】中型灰蝶，雄蝶翅背面闪蓝绿色金属光泽，雌蝶呈褐色；翅腹面呈灰白色，具淡褐色线纹。【卵】卵扁圆形，呈白色，表面密布小突起。【幼虫】末龄幼虫体色呈褐色，体表密布黑褐色小点，体背部具"八"字形白色斜纹，气孔呈黑褐色。【蛹】蛹椭圆形，呈褐色，密布深褐色斑纹，气孔呈淡黄色。【寄主】寄主为壳斗科栎属 *Quercus* 、青冈属 *Cyclobalanopsis* 植物。【分布】分布于我国华中区和西南区。

1. 卵
2. 低龄幼虫
3. 末龄幼虫
4. 蛹

## 丫灰蝶
*Amblopala avidiena* (Hewitson)

背　♀　腹

【成虫】中小型灰蝶，翅背面呈深褐色，中域具蓝色斑；翅腹面呈赭褐色或红褐色，后翅具白色"Y"字形斑纹。【卵】卵呈白色，表面密布细小突起和网纹。【幼虫】末龄幼虫体色呈绿色，背部中央具1条深绿色纵线，背线两侧具"八"字形白色斜纹，气孔呈淡黄色。【蛹】蛹近椭圆形，表面具颗粒状小突起，呈棕褐色，具黑色斑点，腹背部以及气孔呈淡棕褐色。【寄主】寄主为含羞草科山合欢 *Albizia kalkora*（561页）。【分布】分布于我国华中区和西南区。

1. 卵
2. 末龄幼虫（背面）
3. 末龄幼虫（侧面）
4. 蛹（背面）
5. 蛹（侧面）

## 豹斑双尾灰蝶
### *Tajuria maculata* (Hewitson)

背 ♀ 腹

背 ♂ 腹

【成虫】中型灰蝶，后翅具 2 对尾突；翅背面基部至中域呈白色，闪淡蓝色光泽；翅腹面呈白色，具许多黑色斑点。【卵】卵扁圆形，呈金黄色；聚产于寄主植物的叶缘。【幼虫】幼虫群居；低龄幼虫体色呈橙黄色，背部具黄白色小点，背部中央具 1 列黄色肉棘状突起；末龄幼虫体色呈棕褐色，斑点呈鲜黄色。【蛹】蛹腹背部隆起状,体色呈黑褐色,具褐色和灰白色斑纹。【寄主】寄主为桑寄生科桑寄生 *Taxillus sutchuenensis*（575 页）。【分布】分布于我国华南区和酉南区。

1. 卵
2. 初龄幼虫
3. 3龄幼虫
4. 末龄幼虫
5. 蛹

## 珀灰蝶
### *Pratapa deva* (Moore)

背 ♀ 腹

背 ♂ 腹

　　【成虫】中型灰蝶，后翅具 2 对尾突；翅背面呈黑褐色，基部至中域闪蓝色金属光泽，雄蝶后翅背面近基部具性标；翅腹面呈灰白色，中域具 1 列断裂状黑色细线。【卵】卵扁圆形，呈白色，表面具粗大凹刻。【幼虫】低龄幼虫体色呈淡黄绿色，体表具红褐色斑纹和细毛；末龄幼虫体色呈绿色，腹背部隆起状，背部具白色细线。【蛹】蛹体体色主要由灰白色和淡墨绿色构成，拟态鸟粪；蛹腹部末端附于寄主植物枝干上。【寄主】寄主为桑寄生科桑寄生 *Taxillus sutchuenensis*（575 页）。【分布】分布于我国华南区和西南区。

1. 卵
2. 2龄幼虫
3. 末龄幼虫
4. 蛹

# 安灰蝶
## *Ancema ctesia* (Hewitson)

背 ♀ 腹

背 ♂ 腹

1.卵　2.初龄幼虫　3.3龄幼虫　4.末龄幼虫　5.蛹（背面）　6.蛹（侧面）

【成虫】中型灰蝶，后翅具 2 对尾突；雄蝶翅背面呈黑褐色，基部至中域闪蓝色金属光泽，前翅具 2 个黑褐色性标，后翅近基部具 1 个褐色性标；翅腹面呈灰白色，中域具 1 列黑色小斑。【卵】卵扁圆形，呈白色，表面具较浅小凹刻。【幼虫】初龄幼虫体色呈淡黄色，随着龄期增大逐步转为绿色；末龄幼虫胸背部平截，具淡黄色斑，气孔呈蓝黑色。【蛹】蛹梨形，呈黄绿色；胸背部具 1 个棱形褐色斑以及 2 个褐色小点，腹背部具 6 列褐色小点。【寄主】寄主为桑寄生科扁枝槲寄生 *Viscum articulatum*（575 页）。【分布】分布于我国南方地区。

# 克灰蝶
## *Creon cleobis* (Godart)

背 ♀ 腹

背 ♂ 腹

　　【成虫】中型灰蝶，后翅具 2 对尾突；雄蝶翅背面呈黑褐色，前翅基半部和后翅大部闪蓝色金属光泽，后翅近基部具黑色性标；翅腹面灰褐色，中域具 1 条褐色纵线。【卵】卵扁圆形，呈白色，表面具明显凹刻。【幼虫】初龄幼虫体色呈黄褐色；末龄幼虫第 2～6 体节以及第 10 体节、第 11 体节向侧面膨大，体色呈淡红色，具绿色和灰白色斑纹，气孔呈黄白色。【蛹】蛹腹部末端附于寄主植物枝干上，呈绿色，腹背部具褐色和灰褐色斑纹。【寄主】寄主为桑寄生科桑寄生 *Taxillus sutchuenensis*（575 页），取食部位以花为主。【分布】分布于我国华南区和西南区。

1. 卵
2. 初龄幼虫
3. 末龄幼虫
4. 蛹

## 白斑灰蝶
### *Horaga albimacula* (Wood-Mason & de Nicéville)

背 ♂ 腹

1.卵
2.3龄幼虫
3.末龄幼虫
4.蛹

　　【成虫】中小型灰蝶，后翅具 3 对尾突；翅背面呈褐色，前翅中域具 1 个白斑。【卵】卵扁圆形，呈白色，表面具六角形凹刻。【幼虫】末龄幼虫体色呈绿色，第 4 体节、第 7 体节和第 8 体节呈棕褐色；第 2～10 体节背部具长短不一的肉棘，呈棕褐色或绿色；第 5 体节和第 11 体节侧面具绿色棘突。【蛹】蛹腹部末端附于寄主植物枝干上，头胸部较圆润；体色呈绿色，腹背部具褐色斑纹。【幼虫】本种幼虫食性广，主要寄主为无患子科荔枝 *Litchi chinensis*（581 页）、龙眼 *Dimocarpus longan*（581 页）等，取食部位为花及嫩叶。【分布】分布于我国华中区南部、华南区和西南区。

## 乌洒灰蝶
### *Satyrium w-album* (Knoch)

背 ♂ 腹

1.卵　　2.幼虫　　3.蛹

　　【成虫】中小型灰蝶，翅呈深褐色，雄蝶前翅前缘中部具淡褐色性标；后翅腹面中域具"W"字形白色细线，后翅亚外缘具橙红色斑列。【卵】卵扁圆形，呈淡褐色；雌蝶将卵产于寄主植物的树枝上。【幼虫】末龄幼虫体色呈绿色，背部具 2 列小突起，体侧具黄绿色斜纹，体表密布淡黄色细毛。【蛹】蛹近椭圆形，体表密布褐色细毛；体色呈灰褐色，密布不规则状黑褐色斑纹。【寄主】寄主为榆科榆 *Ulmus pumila* (570页)。【分布】分布于我国华北区和东北区。

中国蝴蝶生活史图鉴  294

## 北方洒灰蝶
### *Satyrium latior* (Fixsen)

背 ♀ 腹

背 ♂ 腹

1.卵
2.幼虫
3.蛹

【成虫】中小型灰蝶，翅背面呈深褐色，雄蝶前翅前缘中部具淡褐色性标；翅腹面中域具白色细线，后翅亚外缘具橙红色斑列。【卵】卵扁圆形，呈白色，中央精孔呈暗红色，卵表面密布细小突起。【幼虫】末龄幼虫体色呈淡黄绿色，密布淡褐色短毛，背部具2条平行淡黄色细线。【蛹】蛹近椭圆形，体表密布细毛；体色呈淡棕褐色，密布不规则状黑褐色斑纹。【寄主】寄主为鼠李科鼠李属 *Rhamnus* 植物。【分布】分布于我国华北区和东北区。

## 岷山洒灰蝶
### *Satyrium minshanicum* Murayama

背 ♀ 腹

背 ♂ 腹

1. 卵
2. 幼虫
3. 蛹

【成虫】小型灰蝶，翅背面呈深褐色；翅腹面呈淡黄褐色，中域具虚线状白线，内侧镶有黑色细边，后翅亚外缘具橙色斑带。【卵】卵扁圆形，呈灰白色，卵表面密布细小凹刻和突起。【幼虫】末龄幼虫体色呈绿色，体侧具白色斑纹，胸部和腹部末端呈粉红色，气孔下侧具白色纵线。【蛹】蛹近椭圆形，呈褐色，具褐色锈斑；蛹体表面密布白色细毛。【寄主】寄主为忍冬科忍冬属 *Lonicera*、六道木属 *Abelia* 植物。【分布】分布于我国华北区和华中区北部。

## 普洒灰蝶
**Satyrium prunoides** (Staudinger)

背 ♀ 腹

背 ♂ 腹

1. 卵
2. 幼虫
3. 蛹

　　【成虫】小型灰蝶，翅呈深褐色，部分个体前翅中域具橙红色斑纹；翅腹面中域具白色细线，后翅亚外缘具橙红色斑带。【卵】卵扁圆形，呈白色，卵表面密布细小凹刻。【幼虫】末龄幼虫体色呈绿色，背部具淡黄色纵线，体侧具不显著的黄白色斜线，气孔呈灰白色。【蛹】蛹近椭圆形，呈褐色，密布褐色小点，蛹体表面密布黄白色细毛。【寄主】寄主为蔷薇科绣线菊属 *Spiraea* 植物。【分布】分布于我国华北区、东北区和华中区北部。

## 天目洒灰蝶
### *Satyrium tamikoae* (koiwaya)

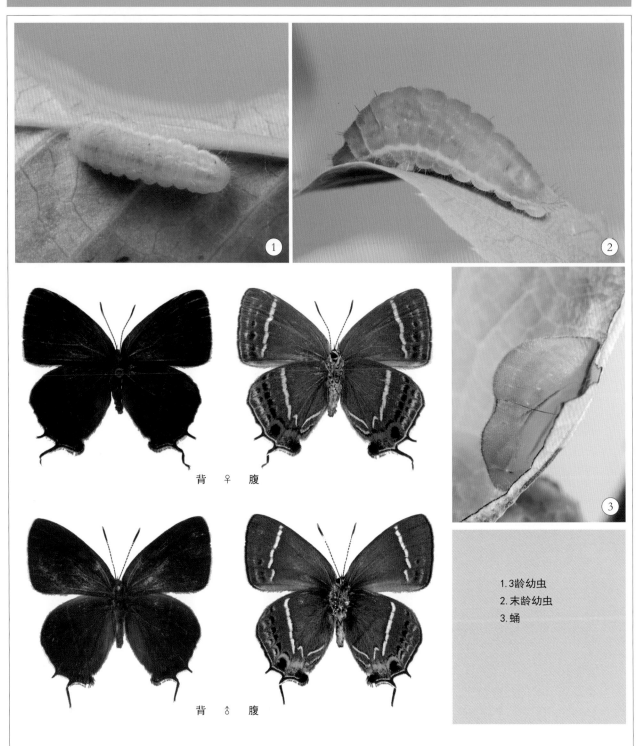

背 ♀ 腹

背 ♂ 腹

1.3龄幼虫
2.末龄幼虫
3.蛹

　　【成虫】中型灰蝶，后翅具 2 对尾突；翅色呈深褐色，雄蝶前翅前缘中部具褐色性标；翅腹面呈赭褐色，中域具 1 条较粗白线，亚外缘具 1 条橙黄色斑带。【幼虫】末龄幼虫体色呈绿色，体侧具不明显的黄绿色斜纹，气孔呈黄白色，气孔下侧具 1 条黄白色细线。【蛹】蛹体呈绿色，气孔呈灰白色；腹背部前端中央隆起状，胸背部中央具 1 条褐色细线。【寄主】寄主为鼠李科山鼠李 *Rhamnus wilsonii* (576 页)。【分布】分布于我国浙江和广东等地。

# 礼洒灰蝶
## *Satyrium percomis* (Leech)

背 ♀ 腹

背 ♂ 腹

1. 幼虫（背面）
2. 幼虫（侧面）
3. 蛹（背面）

　　【成虫】中小型灰蝶，翅背面呈褐色，前后翅背面具橙色斑，雄蝶前翅前缘中部具褐色性标；翅腹面具 2 条银白色细线，后翅亚外缘具橙红色斑带。【幼虫】幼虫腹背部前端呈隆起状，体色由胸部的淡黄色渐变至腹部末端的淡绿色，背部中央具棕红色纵线，体表具淡褐色细毛。【蛹】蛹腹背部前端中央呈隆起状；体色呈淡褐色，腹背部以及胸背部两侧呈棕褐色；体表密布淡褐色细毛。【寄主】寄主为蔷薇科灰栒子 *Cotoneaster acutifolius*（557 页）。【分布】分布于我国华北区南部和华中区北部。

# 南风洒灰蝶
## *Satyrium austrinum* (Murayama)

1. 末龄幼虫（背面）
2. 末龄幼虫（侧面）
3. 蛹（背面）
4. 蛹（侧面）

背 ♂ 腹

　　【成虫】中小型灰蝶，翅背面呈深褐色，雄蝶前翅具披针状性标；翅腹面呈灰黄色，中域具白色细带，前后翅都具白色中室端斑。【幼虫】末龄幼虫体色呈淡红色，具黄绿色斑纹，背部具 2 列较大肉棘。【蛹】蛹近椭圆形，胸背部呈黄绿色，翅区颜色较淡；体表密布细毛。【寄主】寄主为榆科榉树 *Zelkova serrata*。【分布】分布于我国陕西、台湾等地。

# 奥洒灰蝶
## *Satyrium ornata* (Leech)

背 ♀ 腹

背 ♂ 腹

【成虫】中小型灰蝶，翅背面呈黑褐色，雄蝶前翅背面中域具红斑，部分雌蝶背面无红斑；翅腹面亚外缘具 1 列黑色圆斑。【卵】卵扁圆形，呈灰白色，精孔区域凹入，表面密布细小刻纹。【幼虫】末龄幼虫体色呈黄绿色，背部中央具 3 条平行白线，体两侧具白色斜纹；预蛹期间幼虫体色呈棕红色。【蛹】蛹椭圆形，呈淡棕褐色，密布褐色斑纹，气孔呈灰白色；体表密布白色细毛。【寄主】寄主为蔷薇科中华绣线菊 *Spiraea chinensis*（559 页）等。【分布】分布于我国华北区和华中区。

1. 卵
2. 末龄幼虫
3. 幼虫预蛹
4. 蛹

## 大洒灰蝶
### *Satyrium grandis* (C. & R. Felder)

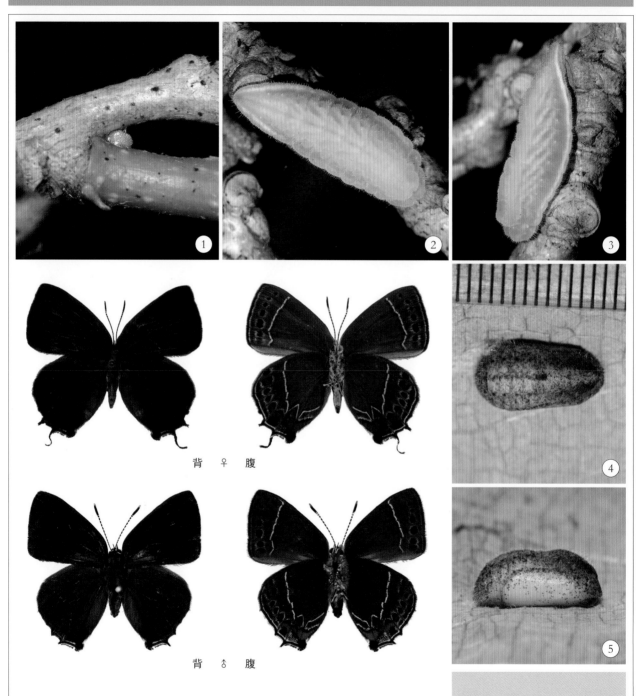

背 ♀ 腹

背 ♂ 腹

【成虫】中型灰蝶，后翅具 2 对尾突；翅背面呈黑褐色，雄蝶前翅前缘中部具 1 个淡褐色性标；前翅腹面亚外缘具 1 列黑斑，后翅腹面亚外缘具 1 列发达红斑。【卵】卵扁圆形，呈淡绿色，表面密布细小突起；多产于寄主植物枝杈缝隙间。【幼虫】幼虫体色呈绿色，蛞蝓型，背部区域颜色呈淡绿色，体侧具白色斜纹，气孔呈白色，气孔下侧具白色纵带；预蛹期幼虫体色呈淡棕红色。【蛹】蛹椭圆形，呈淡褐色，具深褐色斑点；体表密布细毛。【寄主】寄主为蝶形花科紫藤 *Wisteria sinensis*（566页），取食部位为嫩叶。【分布】分布于我国华中区。

1. 卵
2. 末龄幼虫（背面）
3. 末龄幼虫（侧面）
4. 蛹（背面）
5. 蛹（侧面）

# 优秀洒灰蝶
## *Satyrium eximia* (Fixsen)

1. 卵
2. 幼虫（背面）
3. 幼虫（侧面）
4. 蛹（侧面）

背 ♀ 腹

　　【成虫】中型灰蝶，翅背面呈黑褐色，雄蝶前翅前缘中部具褐色性标；后翅腹面近臀角处具橙红色斑。【卵】卵扁圆形，呈灰白色，表面密布极细小刻纹。【幼虫】幼虫体色呈黄绿色，气孔呈褐色，气孔下侧具1条淡黄色细线。【蛹】蛹椭圆形，呈褐色，散布深褐色斑纹和斑点，气孔呈白色；体表密布白色短毛。【寄主】寄主为鼠李科冻绿 *Rhamnus utilis*（576页）等，取食部位为嫩叶。【分布】分布于我国华北区、华中区和西南区。

# 杨氏洒灰蝶
## *Satyrium yangi* (Riley)

背 ♂ 腹

1. 卵
2. 3龄幼虫（背面）
3. 末龄幼虫（侧面）
4. 蛹（背面）
5. 蛹（侧面）

【成虫】中型灰蝶，翅背面呈褐色，前翅中域以及后翅大部分区域闪淡蓝色光泽，雄蝶前翅前缘中部具1个淡褐色性标斑；翅腹面黄褐色，亚外缘具1列黑斑。【卵】卵扁圆形，呈褐色，表面具小突起，精孔区明显凹入。【幼虫】幼虫体色多呈绿色，背部两侧略隆起状，具黄色、白色及暗红色斑纹，体侧面具淡黄白色斜线。【蛹】蛹椭圆形，腹背部显著隆起；体色呈黑褐色，胸背部呈白色。【寄主】寄主为蔷薇科李属 *Prunus*（559页）等植物，取食部位为花。【分布】分布于我国华中区。

## 东北梳灰蝶
### *Ahlbergia frivaldszkyi* (Lederer)

背 ♂ 腹

1.卵　　2.幼虫　　3.蛹

　　【成虫】中小型灰蝶，翅外缘锯齿状，翅背面呈黑褐色，基部至中域闪蓝色金属光泽；腹面呈褐色，中域和亚外缘具曲折的黑褐色线纹。【卵】卵扁圆形，呈淡绿色，表面密布小凹刻。【幼虫】幼虫体色呈淡绿色，背部和气孔下侧各具1列白色斑，白斑内具紫红色斑点。【蛹】蛹椭圆形，呈棕褐色，散布深褐色斑纹。【寄主】寄主为蔷薇科土庄绣线菊 *Spiraea pubescens*（560页）。【分布】分布于我国华北区、东北区和华中区北部。

## 尼采梳灰蝶
*Ahlbergia nicevillei* (Leech)

1.卵
2.3龄幼虫（背面）
3.3龄幼虫（侧面）
4.蛹

背 ♂ 腹

　　【成虫】中小型灰蝶；翅背面呈黑褐色，中域闪蓝紫色金属光泽；翅腹面呈红褐色，具白色和褐色线纹。【卵】卵扁圆形，呈淡绿色，表面密布细小刻纹。【幼虫】幼虫体色呈淡绿色，具白色纵纹，体表具褐色细毛。【蛹】蛹梨形，呈黑褐色，体表具黑色短毛，背部和气孔周围具棕褐色斑，气孔呈黄色。【寄主】寄主为忍冬科金银花 *Lonicera japonica*（588页），取食部位为花苞。【分布】分布于我国华中区。

## 玳灰蝶
### *Deudorix epijarbas* (Moore)

背 ♂ 腹

【成虫】中型灰蝶，后翅具1对尾突；翅背面呈黑褐色，雄蝶前翅中域和后翅下半部呈橙红色；雌蝶翅背面呈灰褐色。【卵】卵扁圆形，呈淡绿色，表面具矩形网纹。【幼虫】初龄幼虫孵化后便钻入寄主植物果实内蛀食，体色呈淡黄色；末龄幼虫腹背部呈褐色至黑褐色，胸背部呈淡黄色，气孔呈黑色，体表覆有淡褐色细毛。【蛹】蛹长椭圆形，呈棕褐色并具深褐色斑纹，蛹体表面具较短细毛。【寄主】寄主为无患子科龙眼 *Dimocarpus longan*（581页）。【分布】分布于我国华中区南部、华南区和西南区。

1. 卵
2. 初龄幼虫
3. 3龄幼虫
4. 末龄幼虫
5. 蛹

## 蓝燕灰蝶
### *Rapala caerulea* (Bremer & Grey)

背 ♀ 腹

背 ♂ 腹

【成虫】中型灰蝶，翅背面黑色闪紫色光泽，前翅中域和后翅外缘区域常具橙色斑；翅腹面呈淡黄褐色至灰褐色，具较宽斑带。【幼虫】幼虫蛞蝓型，气孔上侧和下侧各具 1 列朝向外侧的齿状突起，其末端具数根褐色刚毛；幼虫体色呈绿色，侧面具棕红色和白色斑纹。【蛹】蛹近椭圆形，体表被有细毛；体色呈深褐色，具黑色斑纹。【寄主】寄主为蝶形花科宽叶胡枝子 *Lespedeza maximowiczii*（565 页）等，取食部位为花苞。【分布】分布于我国东北区、华北区、华中区、华南区和西南区。

1. 末龄幼虫
2. 幼虫预蛹
3. 蛹（背面）
4. 蛹（侧面）

## 东亚燕灰蝶
### *Rapala micans* (Bremer & Grey)

背 ♀ 腹

背 ♂ 腹

【成虫】中型灰蝶，翅背面呈黑褐色，闪蓝紫色光泽，部分个体前翅具橙红色斑；腹面棕黄色，中域具深褐色细带，后翅具1对尾突。【卵】卵扁圆形，呈蓝绿色，表面具白色细网纹。【幼虫】末龄幼虫蛞蝓型，气孔上侧和下侧各具1列朝向外侧的齿状突起，其末端各具2根黑色刚毛；体色以淡红色、黄绿色为主，并具白色、黑色和棕红色斑纹。【蛹】蛹近椭圆形，体表被有细毛；体色呈棕褐色，具黑色斑纹。【寄主】寄主为蝶形花科香花鸡血藤 *Callerya dielsiana*（564页）、宽叶胡枝子 *Lespedeza maximowiczii*（565页）等，取食部位为花苞。【分布】分布于我国东北区、华北区、华中区、华南区和西南区。

1. 卵
2. 末龄幼虫
3. 蛹（背面）
4. 蛹（侧面）

## 绿灰蝶
### *Artipe eryx* (Linnaeus)

背 ♀ 腹

背 ♂ 腹

【成虫】中型灰蝶，后翅具1对尾突；翅背面呈黑褐色，雄蝶翅背面闪蓝色金属光泽，雌蝶则无蓝色光泽；翅腹面呈粉绿色。【卵】卵扁圆形，呈灰白色，表面具密集但排列整齐的细小凹刻。【幼虫】末龄幼虫体色呈褐色，前胸和中胸呈浅黄色，第3腹节和第4腹节呈白色，体表具黑色刚毛。【蛹】蛹近椭圆形，体表被有细毛，体色呈棕褐色，腹背部呈淡褐色。【寄主】寄主为茜草科栀子 *Gardenia jasminoides*（587页）、白果香楠 *Alleizetella leucocarpa*，幼虫蛀食果实。【分布】广布于我国南方地区。

1.卵
2.幼虫
3.幼虫（蛀蚀黄栀子果实）
4.蛹

## 雅灰蝶
### *Jamides bochus* (Stoll)

背 ♀ 腹

背 ♂ 腹

1. 卵
2. 末龄幼虫（背面）
3. 末龄幼虫（侧面）
4. 蛹（背面）
5. 蛹（侧面）

【成虫】中小型灰蝶，雄蝶翅背面中域闪很亮的蓝紫色金属光泽，雌蝶翅背面中域闪天蓝色光泽；翅腹面呈暗褐色，密布淡褐色波纹；后翅具1对尾突。【卵】卵白色，扁圆形，表面密布细小突起和网状纹；卵通常数个聚产，表面覆盖有泡沫状液体。【幼虫】末龄幼虫蛞蝓型，体色呈黄褐色至黄褐色，背部具棕褐色细毛构成的纵向斑带，气孔呈深褐色。【蛹】蛹长椭圆形，呈淡褐色，具许多褐色斑，气孔呈白色。【寄主】寄主为蝶形花科葛 *Pueraria montana*（566页）等，取食部位为花苞。【分布】广布于我国南方地区。

## 亮灰蝶
### *Lampides boeticus* (Linnaeus)

1.卵　　2.末龄幼虫（背面）　　3.末龄幼虫（侧面）　　4.蛹（背面）　　5.蛹（侧面）

　　【成虫】中型灰蝶，雄蝶背面闪紫色光泽，雌蝶背面中域具蓝色斑；翅腹面密布褐色波纹，后翅具1对尾突。【卵】卵扁圆形，呈淡绿色，表面密布细小突起和网状纹；散产于寄主植物花苞或者豆荚上。【幼虫】末龄幼虫蛞蝓型，体表密布黑色细毛；体色呈黄绿色，背部两侧具不很清晰的淡黄色条状斑；气孔呈黑色，下侧具1条不明显的黄色细线。【蛹】蛹椭圆形，较狭长，呈淡褐色，具许多黑斑。【寄主】寄主为蝶形花科扁豆 *Lablab purpureus*（563页）、赤豆 *Vigna angularis*（563页）、田菁 *Sesbania cannabina*（563页）等，取食部位为花苞或豆荚。【分布】广布于我国南方地区。

## 蓝灰蝶
*Everes argiades* (Pallas)

背 ♀ 腹

背 ♂ 腹

　　【成虫】小型灰蝶，后翅具 1 对短小尾突；雄蝶翅背面闪蓝紫色金属光泽，雌蝶背面呈黑色；翅腹面呈淡灰色或白色，具许多黑色小点；后翅外缘具橙黄色小斑。【卵】卵扁圆形，白色至淡绿色，表面密布细小突起和网状纹。【幼虫】幼虫体色呈淡绿色，背部中央具深绿色纵线，体两侧具淡色斜纹。【蛹】蛹长椭圆形，表面密布白色细毛；体色呈白色至淡粉色，背部两侧具 1 列黑色小点，翅区具褐色颗粒状斑点。【寄主】寄主为蝶形花科白车轴草 *Trifolium repens*（564页）、大麻科葎草 *Humulus scandens*（574页）等，取食部位为花苞。【分布】分布于我国华北区、东北区、华中区和西南区。

1.卵
2.2龄幼虫
3.末龄幼虫
4.蛹

## 酢浆灰蝶
### *Zizeeria maha* (Kollar)

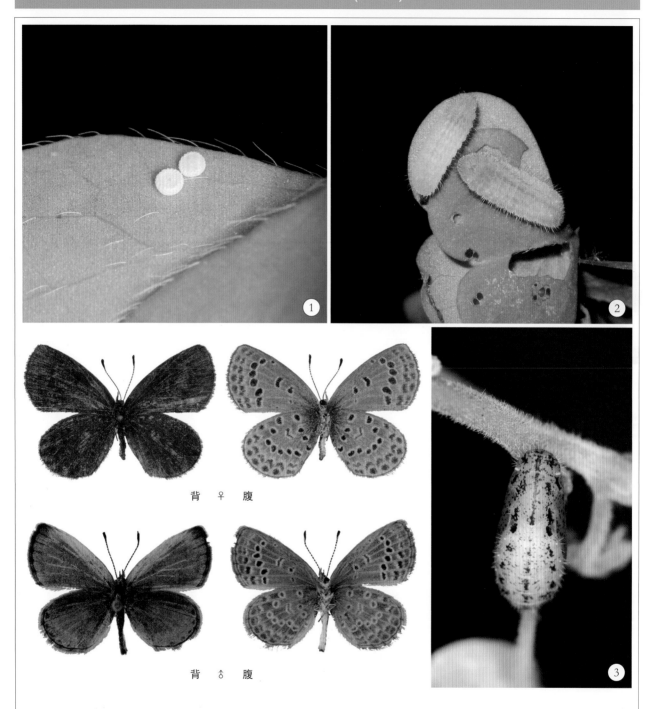

背 ♀ 腹

背 ♂ 腹

【成虫】小型灰蝶，雌蝶翅背面呈黑褐色，雄蝶翅背面闪淡蓝色光泽；翅腹面呈灰白色或褐色，具许多黑色小点。【卵】卵扁圆形，呈白色至淡绿色，表面密布网状纹。【幼虫】末龄幼虫体色呈黄绿色至绿色，背部具白色细纹，体表密布细毛。【蛹】蛹长椭圆形，呈淡绿色，具黑色斑纹，气孔呈白色。【寄主】寄主为酢浆草科酢浆草 *Oxalis corniculata*（554页）。【分布】分布于我国华北区、华中区、华南区和西南区。

1. 卵
2. 幼虫
3. 蛹

# 点玄灰蝶
## *Tongeia filicaudis* (Pryer)

背 ♂ 腹

1. 卵
2. 末龄幼虫
3. 越冬幼虫
4. 蛹

　　【成虫】小型灰蝶，后翅具1对较短尾突；翅背面呈黑色；翅腹面呈灰色，具黑色斑点。【卵】卵扁圆形，呈白色，表面密布网状纹。【幼虫】幼虫孵化后在寄主植物叶片内蛀食；体色呈黄绿色，气孔呈褐色。【蛹】蛹椭圆形，体色呈淡绿色，腹部呈黄白色；体表具稀疏的白色细毛。【寄主】寄主为景天科垂盆草 *Sedum sarmentosum*（552页）、瓦松 *Orostachys fimbriatus*（552页）等，也能取食部分景天科的多肉类观赏植物。【分布】分布于我国华北区、华中区、华南区和西南区。

## 琉璃灰蝶
### *Celastrina argiolus* (Linnaeus)

背 ♀ 腹

背 ♂ 腹

1.卵　　2.末龄幼虫（红色型）　　3.末龄幼虫（绿色型）　　4.蛹（背面）　　5.蛹（侧面）

　　【成虫】中小型灰蝶，雄蝶翅背面天蓝色，外缘呈黑色；雌蝶仅翅中域闪蓝色光泽；翅腹面呈灰白色，具许多黑色小点。【卵】卵扁圆形，呈淡绿色，表面密布细小突起和网状纹；散产于寄主植物花苞上。【幼虫】末龄幼虫呈绿色至粉红色，气孔呈黄色，其下侧具1条白色纵线。【蛹】蛹长椭圆形，体色呈褐色，背部呈淡褐色，散布褐色斑点。【寄主】寄主为蝶形花科华东木蓝 *Indigofera fortunei*（567页）、河北木蓝（马棘）*Indigofera bungeana*（566页）、日本胡枝子 *Lespedeza thunbergii*（564页）、香花鸡血藤 *Callerya dielsiana*（564页）等，取食部位为花苞。【分布】广布于我国大部分地区。

# 蓝丸灰蝶
## *Pithecops fulgens* Doherty

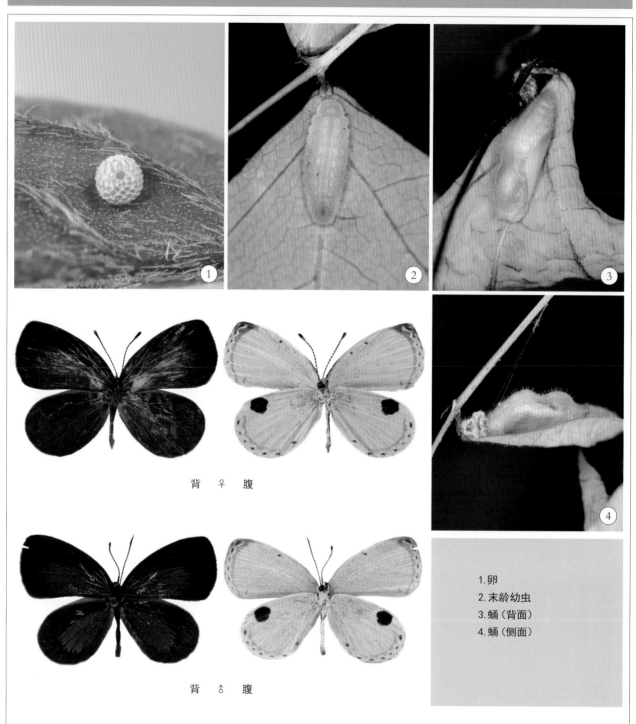

背 ♀ 腹

背 ♂ 腹

1.卵
2.末龄幼虫
3.蛹（背面）
4.蛹（侧面）

　　【成虫】小型灰蝶，雄蝶翅背面中域闪暗蓝色金属光泽，雌蝶翅背面呈黑色；翅腹面呈白色，亚外缘具 1 条淡黄色细线，后翅顶角具 1 个显著的黑斑。【卵】卵呈扁圆形，表面密布突起和网状纹，散产于寄主植物嫩芽上。【幼虫】末龄幼虫体色呈黄绿色，无明显斑纹。【蛹】蛹较狭长，头部较平，胸背部以及腹背部前端呈隆起状；体色呈黄绿色，气孔呈黄白色。【寄主】寄主为蝶形花科长柄山蚂蝗 *Podocarpium podocarpum*（567 页）等，取食部位为嫩叶。【分布】分布于我国华中区。

## 曲纹紫灰蝶
### *Chilades pandava* (Horsfield)

背 ♀ 腹

背 ♂ 腹

1.卵　　2.3龄幼虫　　3.末龄幼虫　　4.末龄幼虫　　5.蛹（侧面）　　6.蛹（背面）

【成虫】中小型灰蝶，雄蝶背面闪蓝紫色金属光泽，雌蝶背面中域具深蓝色斑；翅腹面呈褐色，基部外侧具许多深褐色波纹，后翅具 1 对尾突。【卵】卵扁圆形，呈淡绿色，表面密布细小突起和网状纹。【幼虫】低龄幼虫体色呈黄绿色，具白色细斑带；末龄幼虫体色呈淡绿色至棕红色。幼虫常群集在嫩叶或叶脉上。【蛹】蛹长椭圆形，体色呈淡褐色、暗绿色、绿色等多种；气孔呈白色。【寄主】寄主为苏铁科苏铁 *Cycas revolute*（542 页），取食部位为嫩叶。【分布】主要分布于我国南方地区，随着苏铁被广泛作为观赏植物，曲纹紫灰蝶的分布范围正在不断扩大。

## 大斑尾蚬蝶
### *Dodona egeon* (Westwood)

1. 卵
2. 低龄幼虫
3. 末龄幼虫
4. 蛹

背 ♂ 腹

　　【成虫】中大型灰蝶，翅背面具许多橙黄色斑纹，后翅具1对尾突。【卵】卵暗红色，表面具淡黄色短细毛。【幼虫】幼虫蛞蝓型，头小，被盖于前胸之下；体两侧具波状突起，并具许多细毛。末龄幼虫呈绿色，背部中央具1列深绿色斑点。【蛹】蛹扁平状，头部顶端微凹入；体色呈翠绿色，背部具1条蓝色细线，其两侧各具1列蓝色斑点。【寄主】寄主为紫金牛科密花树属 *Myrsine* 植物（584页）。【分布】分布于我国华南区。

## 斜带缺尾蚬蝶
### *Dodona ouida* Hewitson

背 ♀ 腹

背 ♂ 腹

1.卵　　2.初龄幼虫　　3.3龄幼虫　　4.末龄幼虫　　5.蛹

　　【成虫】中大型灰蝶,翅色呈褐色,雄蝶前翅具黄色斜带,雌蝶呈白色斜带,后翅近臀角处呈突起状。【卵】卵近圆形,呈淡紫色,环绕有1圈细毛;聚产于叶反面。【幼虫】初龄幼虫头部呈黑色;2龄至末龄幼虫的头部呈淡褐色,体侧呈黄色,背部呈蓝绿色,体表具稀疏的黑色短毛。【蛹】蛹体较狭长,头部顶端中央凹入;体色呈黄绿色,背部具数条蓝绿色细线,腹背部末端两侧具蓝色小突起。【寄主】寄主为紫金牛科朱砂根 *Ardisia crenata* (584页)、密齿酸藤子 *Embelia vestita* (584页)。【分布】分布于我国华中区、华南区和西南区。

## 黑燕尾蚬蝶
### *Dodona deodata* Hewitson

背 ♂ 腹

【成虫】中大型灰蝶，翅色呈黑褐色，翅中域具 1 条白带，前翅中域外侧具许多小白点；翅腹面呈棕褐色，具白色纵纹；后翅具 1 对尾突。【卵】卵扁圆形，呈黄色，表面具细毛。【幼虫】低龄幼虫体色呈黄绿色，背部具暗绿色和暗红色斑点，尾部具 1 个尖突；末龄幼虫体色呈深绿色，气孔呈褐色。【蛹】蛹呈淡绿色，头部顶端和腹部末端的突起呈黄色。【寄主】寄主为紫金牛科密花树 *Myrsine seguinii*（584 页）。【分布】分布于我国华中区南部、华南区和西南区。

1. 卵
2. 初龄幼虫
3. 3龄幼虫
4. 末龄幼虫
5. 蛹

## 白点褐蚬蝶
### *Abisara burnii* (de Nicéville)

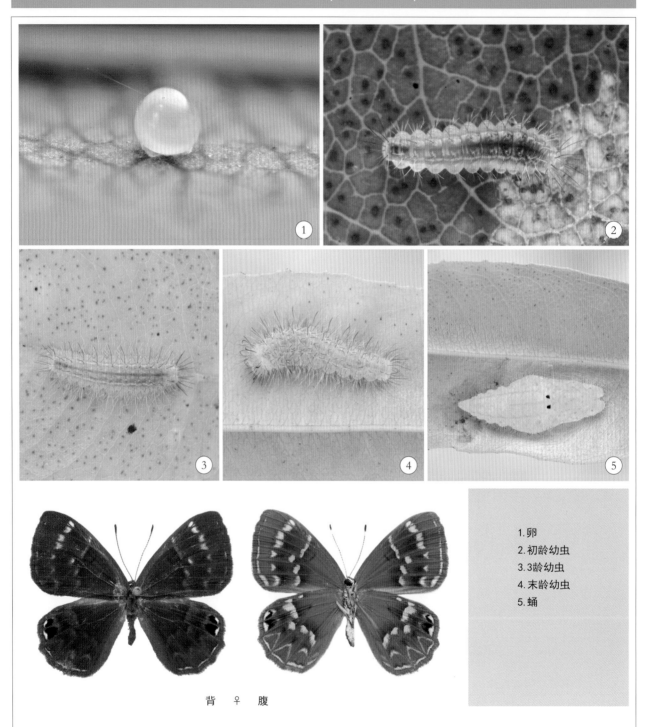

1. 卵
2. 初龄幼虫
3. 3龄幼虫
4. 末龄幼虫
5. 蛹

背 ♀ 腹

【成虫】中大型灰蝶,翅色呈橙褐色,亚外缘具1列白点,后翅顶角具2个黑斑;腹面亚外缘有不规则的白色斑纹。【卵】卵半圆形,呈黄白色,表面具细毛。【幼虫】幼虫体色呈黄绿色或淡绿色,体侧的细毛呈白色,体背部的细毛呈淡褐色。【蛹】蛹呈黄绿色,密布淡绿色小斑点;头部顶端具1对小突起,腹背面前端具1对小黑点,腹背部具2列绿色纵线;蛹体侧面具黑色短毛。【寄主】寄主为紫金牛科密齿酸藤子 *Embelia vestita*(584页)。【分布】分布于我国南方地区。

## 拟白带褐蚬蝶
### *Abisara magdala* Fruhstorfer

背 ♀ 腹

背 ♂ 腹

1.卵　　2.3龄幼虫　　3.末龄幼虫（背面）　　4.末龄幼虫（侧面）
5.蛹（背面）　　6.蛹（侧面）

　　【成虫】中大型灰蝶，翅背面黑褐色，前翅具黄白色斜带，近顶角处常具数个小白点。【卵】卵半圆形，呈黄色，表面具细毛，顶部略平截。【幼虫】低龄幼虫呈黄绿色；末龄虫体色呈淡黄绿色，前胸背部呈蓝绿色，具1对黑斑；背部中央具1条蓝黑色细线，气孔线呈淡蓝色，气孔呈黑色。【蛹】蛹头部顶端微凹入；体色呈淡黄色，具绿色斑纹，气孔外围有蓝绿色环纹，翅区具黑色斜线。【寄主】寄主为紫金牛科杜茎山 *Maesa japonica*（585页）。【分布】分布于我国华中区南部和华南区北部。

## 长尾褐蚬蝶
### *Abisara chelina* (Fruhstorfer)

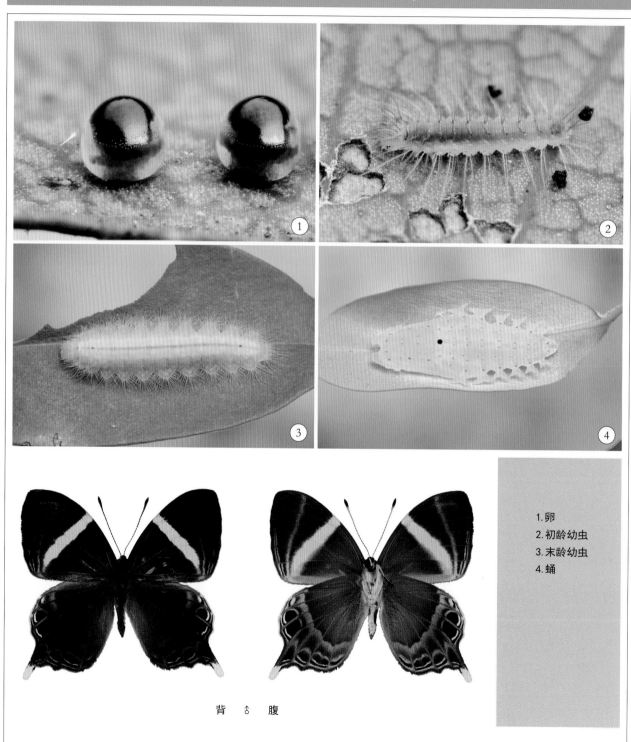

背 ♂ 腹

1. 卵
2. 初龄幼虫
3. 末龄幼虫
4. 蛹

　　【成虫】中大型灰蝶，翅呈褐色，前翅具1条白色斜带，后翅具1对较长白色尾突。【卵】卵近圆形，呈黑紫色，环绕有1圈细毛。【幼虫】幼虫蛞蝓型，身体两侧具波状突起，密布淡绿色细毛；体色呈淡黄绿色至淡绿色，背线呈淡褐色。【蛹】蛹体较狭长，头部顶端微凹入，腹部两侧具鱼尾状突起；体色呈淡绿色，胸背部具许多蓝色小点，后胸背部中央具1个黑点。【寄主】寄主为紫金牛科密齿酸藤子 *Embelia vestita*（584页）。【分布】分布于我国华南区和西南区。

## 白蚬蝶
### *Stiboges nymphidia* Butler

背 ♀ 腹

背 ♂ 腹

【成虫】中型灰蝶，翅呈白色，外缘区域呈黑褐色，内具小白点。【卵】卵馒头状，呈淡紫色。【幼虫】2 龄幼虫体色呈淡褐色，体表具淡褐色细毛；末龄幼虫身体两侧呈波状突起，体表具黑色和淡黄色短毛，体色呈淡黄色，头部和前胸背部各具 1 对黑斑，体背部具白色纵线。【蛹】蛹体头部顶端略凹入，体色呈淡绿色，腹背部呈淡黄色，气孔呈黑褐色。【寄主】寄主为紫金牛科虎舌红 *Ardisia mamillata*（584 页）。【分布】分布于我国华中区、华南区和西南区。

1. 卵
2. 2龄幼虫
3. 末龄幼虫
4. 蛹

# 蛱蝶科

## NYMPHALIDAE

**蛱蝶科下有12个亚科，我国有12个亚科。**

1. Libytheinae 喙蝶亚科

2. Danainae 斑蝶亚科

3. Heliconiinae 袖蝶亚科

4. Nymphalinae 蛱蝶亚科

5. Biblidinae 妣蛱蝶亚科

6. Limenitidinae 线蛱蝶亚科

7. Cyrestinae 丝蛱蝶亚科

8. Calinaginae 绢蛱蝶亚科

9. Apaturinae 闪蛱蝶亚科

10. Charaxinae 螯蛱蝶亚科

11. Morphinae 闪蝶亚科

12. Satyrinae 眼蝶亚科

蛱蝶成虫多为中至大型，种类繁多，是蝶类中最大的一个科。蛱蝶科雌、雄蝶前足均退化，无法行走；翅型以及翅面斑纹多样化丰富。

不同类群的蛱蝶蝶卵差异较大，有的呈圆形且表面光洁(眼蝶亚科黛眼蝶属)，有的表面明显具纵脊(蛱蝶亚科)，有的呈圆形且表面布满刻纹和细毛(线蛱蝶亚科)，有的呈馒头形且表面布满细小刻纹(眼蝶亚科矍眼蝶属)，有的呈椭圆形且密布细小刻纹(斑蝶亚科)。

蛱蝶幼虫多为蠋型，形态和色彩差异也非常大，许多种类头部顶端具角状突起(如绢蛱蝶亚科、丝蛱蝶亚科、闪蛱蝶亚科、螯蛱蝶亚科以及眼蝶亚科下的一些属)。有体表具短毛的(如绢蛱蝶亚科、闪蛱蝶亚科、螯蛱蝶亚科、眼蝶亚科、喙蝶亚科)，体表密布长毛的(闪蝶亚科)，体表具棘刺的(袖蝶亚科、蛱蝶亚科和线蛱蝶亚科)，体表具肉棘的(斑蝶亚科和丝蛱蝶亚科)。大多数幼虫体色与环境保持一致，多呈绿色，或者拟态枯叶。一些种类取食有毒(如斑蝶亚科)植物，体色则呈鲜艳的警戒色。一些种类幼虫受惊后有假死性，此外蛱蝶亚科下的一些种类会做叶巢。

蛹为悬蛹，形态各异，主要有椭圆形且表面闪金色光泽的(斑蝶亚科)、拟态绿叶(闪蝶亚科)、拟态枯叶或枯枝(蛱蝶亚科、丝蛱蝶亚科等)。

寄主偏好：喙蝶亚科取食榆科朴属植物；斑蝶亚科取食萝藦科、夹竹桃科和桑科等植物；袖蝶亚科取食堇菜科、荨麻科、西番莲科、杨柳科、天料木科等植物；蛱蝶亚科取食榆科、荨麻科、菊科、爵床科、玄参科等植物；线蛱蝶亚科取食壳斗科、茜草科、蝶形花科、忍冬科、蔷薇科、桦木科等植物；妣蛱蝶亚科取食大戟科等植物；丝蛱蝶亚科取食桑科、荨麻科、清风藤科等植物；绢蛱蝶亚科取食桑科植物；闪蛱蝶亚科取食榆科、杨柳科、壳斗科等植物；螯蛱蝶亚科取食含羞草科、蝶形花科、樟科、大戟科等植物；眼蝶亚科和闪蝶亚科主要取食单子叶植物纲的禾本科、莎草科、棕榈科、百合科、天南星科等植物，甚至有些种类(如玳眼蝶属 *Ragadia*)取食蕨类植物。

# 朴喙蝶
*Libythea lepita* Moore

背 ♂ 腹

【成虫】小型蛱蝶，下唇须长，翅背面呈深褐色，翅中域具橙黄色斑纹，前翅亚顶角具数个白色小斑。【卵】卵长椭圆形，呈淡黄色，表面具纵脊并密布细小凹刻；卵通常多个聚产于寄主植物的新芽处。【幼虫】幼虫蛞型，体表覆有细毛；虫体呈淡绿色或黄绿色，体表密布淡黄绿色小点，背部中央具1条淡黄色纵线；气孔呈黑色，其上方具1条黄绿色纵线。【蛹】蛹呈绿色，具白色或黄色颗粒状小点；胸部侧面具1条淡黄色斜线，并与腹背部中央的黄线相交；腹部两侧具淡黄色纵线。【寄主】寄主为榆科朴 *Celtis sinensis*（570页）、紫弹朴 *Celtis biondii*（571页）等。【分布】分布于我国华北区、东北区、华中区、华南区和西南区。

1. 卵
2. 幼虫（背面）
3. 幼虫（侧面）
4. 蛹（背面）
5. 蛹（侧面）

## 金斑蝶
### *Danaus chrysippus* (Linnaeus)

1. 卵
2. 幼虫
3. 幼虫（头部）
4. 蛹（背面）
5. 蛹（侧面）

背 ♀ 腹

　　【成虫】中型蛱蝶，翅色呈橙黄色，外缘呈黑褐色，前翅亚顶角具数个白斑。【卵】卵椭圆形，顶部略尖，呈黄白色，表面具不显著的纵脊和凹刻。【幼虫】末龄幼虫体色呈白色，具黑色环纹和黄斑；中胸、第2腹节和第8腹节背部各具1对肉棘状突起；头部呈白色，具黑色环纹。【蛹】蛹长椭圆形，呈淡绿色，头胸部区域具数个金色小斑，腹部背面中央具1条黑色横带。【寄主】寄主为夹竹桃科马利筋 *Asclepias curassavica*（586页）以及萝藦科的萝藦 *Metaplexis japonica*。【分布】分布于我国华中区、华南区和西南区。

## 蓝点紫斑蝶
### *Euploea midamus* (Linnaeus)

背 ♂ 腹

1. 卵
2. 初龄幼虫
3. 末龄幼虫
4. 蛹（侧面）

　　【成虫】中型蛱蝶，翅色呈黑色，背面闪紫色光泽，前翅背面中域具蓝色斑点，两翅亚外缘具2列小白斑。【卵】卵长椭圆形，呈淡黄色，表面密布细小凹刻。【幼虫】末龄幼虫体色呈淡黄色，中胸、后胸、第2腹节和第8腹节背部各具1对黑色肉棘状突起，末端常卷曲状；气孔呈黑色。【蛹】蛹近椭圆形，腹背面突起；蛹体闪金色光泽，气孔呈黑色。【寄主】寄主为夹竹桃科羊角拗 *Strophanthus divaricatus*（586页）。【分布】分布于我国华中区、华南区和西南区。

## 幻紫斑蝶
### *Euploea core* (Cramer)

背 ♀ 腹

背 ♂ 腹

1. 卵
2. 初龄幼虫
3. 末龄幼虫
4. 蛹

【成虫】中型蛱蝶，翅色呈黑褐色，翅背面亚外缘具 2 列小白斑；翅腹面中域具数个淡蓝色小斑。【卵】卵长椭圆形，呈淡黄色，表面密布细小刻纹；单个或数个产于寄主植物叶面。【幼虫】初龄幼虫体色呈淡黄色，头部和足部呈黑色；末龄幼虫背部具密集的黑白相间环纹，体侧呈橙黄色，气孔呈黑色，头部呈黑色并具白色细纹。【蛹】蛹近椭圆形，闪强烈的金色光泽，气孔呈淡褐色。【寄主】寄主为夹竹桃科夹竹桃 *Nerium oleander*(586 页)以及桑科榕属 *Ficus* 植物。【分布】分布于我国华南区和西南区。

# 苎麻珍蝶
## *Acraea issoria* (Hübner)

背 ♀ 腹

背 ♂ 腹

【成虫】中型蛱蝶，翅较狭长，翅脉呈褐色，翅色呈橙黄色。【卵】卵长圆形，呈黄色，表面密布细小刻纹；聚产于寄主植物叶反面。【幼虫】低龄幼虫群聚；初龄幼虫体色呈黄绿色，头部呈褐色；末龄幼虫体色呈赭褐色，体表具宽阔的乳白色和橙黄色斑纹，体表具 6 列黑色棘刺。幼虫受到刺激时能分泌黄色体液。【蛹】蛹长椭圆形，呈乳白色或黄白色，具镶有橙色小斑黑色纵带，翅区具明显的黑色翅脉。【寄主】寄主为荨麻科苎麻 *Boehmeria nivea*（572 页）、糯米团 *Gonostegia hirta*（573 页）等。【分布】广布于我国南方地区。

1. 卵
2. 初龄幼虫
3. 末龄幼虫
4. 蛹

## 斐豹蛱蝶
### *Argyreus hyperbius* (Linnaeus)

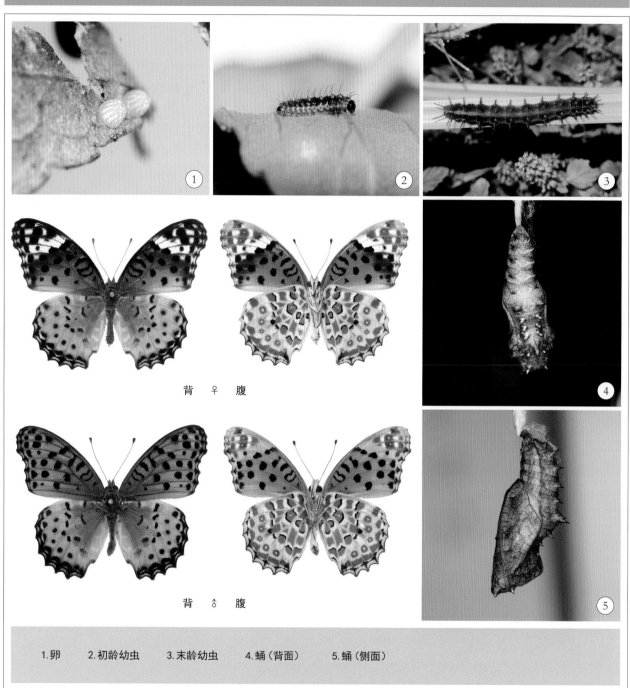

背 ♀ 腹

背 ♂ 腹

1.卵　　2.初龄幼虫　　3.末龄幼虫　　4.蛹（背面）　　5.蛹（侧面）

　　【成虫】中型蛱蝶，雌雄异型，雄蝶背面呈橙黄色，雌蝶前翅近顶角处呈蓝灰色并具1条白色斜带。【卵】卵呈淡黄色，为顶端平截的圆锥形，表面具纵向整齐排列的刻纹。【幼虫】初龄幼虫体色呈褐色，背部具2列小白点；末龄幼虫体色呈黑色，背线呈红色，体表具6列红色棘刺，棘刺的末端呈黑色。【蛹】蛹呈褐色，密布深褐色细纹，背部具2列黑色尖突，胸节以及第1和第2腹节背面各具1对闪金属光泽的小斑。【寄主】寄主为堇菜科紫花地丁 *Viola philippica*（551页）、犁头草 *Viola japonica*（551页）、三色堇 *Viola tricolor*（551页）、白花堇菜 *Viola lactiflora*、七星莲 *Viola diffusa* 等。【分布】分布于我国东北区、华北区、华中区、西南区和华南区。

## 青豹蛱蝶
### *Damora sagana* (Doubleday)

背 ♀ 腹

背 ♂ 腹

1.卵　2.初龄幼虫　3.末龄幼虫（背面）　4. 蛹（背面）　5.蛹（侧面）　6.蛹（腹面）

　　【成虫】中型蛱蝶，雌雄异型，雄蝶背面呈橙黄色，斑纹呈黑色，前翅具4条深褐色性标；雌蝶翅色呈墨绿色，具白色斑纹。【卵】卵为顶端平截的圆锥形，呈淡黄色至淡褐色，表面具刻纹。【幼虫】初龄幼虫体色呈淡黄色，头部呈褐色；末龄幼虫体色呈黑色，背部的棘刺除末端呈黑色外，其余部分呈橙黄色，前胸背部的1对棘刺伸向前方，如同触角一般。【蛹】蛹呈褐色，具深褐色线纹，胸背部具银白色斑，腹背部具2列褐色棘刺。【寄主】寄主为堇菜科植物。【分布】分布于我国东北区、华北区、华中区、西南区。

## 蟾福蛱蝶
### *Fabriciana nerippe* (C. & R. Felder)

背 ♂ 腹

1.卵　　2.幼虫　　3.蛹

　　【成虫】中型蛱蝶，翅背面呈橙黄色，具黑色斑点，翅腹面具银白色圆斑。【卵】卵呈淡褐色，表面具纵脊和凹刻。【幼虫】幼虫体色呈褐色，背部中央具 1 条黄白色纵线，两侧具黑色斑；体表棘刺呈黄白色或淡褐色，密布褐色细毛。【蛹】蛹呈淡褐色，翅区具黑色斑纹，胸背部和腹背部具金属光泽的小斑。【寄主】寄主为堇菜科早开堇菜 *Viola prionantha* (551页)、紫花地丁 *Viola philippica* (551页)。【分布】分布于我国东北区、华北区和华中区。

## 曲纹银豹蛱蝶
### *Childrena zenobia* (Leech)

背 ♀ 腹

1.卵　　2.幼虫　　3.蛹

【成虫】中大型蛱蝶，雄蝶翅背面呈橙黄色，具许多黑色斑点，前翅具 3 条黑色性标；雌蝶翅背面呈蓝灰色；后翅腹面底色呈灰绿色，具白色线纹。【卵】卵呈淡黄色，表面具纵脊和凹刻。【幼虫】幼虫体色呈黑色，背部中央具红色纵带；体表棘刺呈黑色，棘刺的基部呈红色。【蛹】蛹呈深褐色，具黑色细纹，背部具 2 列黑色尖突。【寄主】寄主为堇菜科早开堇菜 *Viola prionantha*（551 页）、紫花地丁 *Viola philippica*（551 页）。【分布】分布于我国东北区和华北区。

## 美眼蛱蝶
### *Junonia almana* (Linnaeus)

背 ♂ 腹

1.卵　　2.幼虫　　3.蛹

　　【成虫】中型蛱蝶，翅背面呈橙黄色，前后翅具发达的眼状斑纹；翅腹面呈淡褐色或深褐色，低温型个体拟态枯叶。【卵】卵圆形，呈绿色，表面具白色纵脊。【幼虫】末龄幼虫体色呈褐色，体表具白色颗粒状小点，背部中央具1条黑色纵线；体表棘刺呈黄色，其末端呈黑色。【蛹】蛹近椭圆形，呈褐色并具白色斑纹，胸腹背面具许多小突起。【寄主】寄主为爵床科水蓑衣 *Hygrophila ringens* 等。【分布】广布于我国南方地区。

## 翠蓝眼蛱蝶
### *Junonia orithya* (Linnaeus)

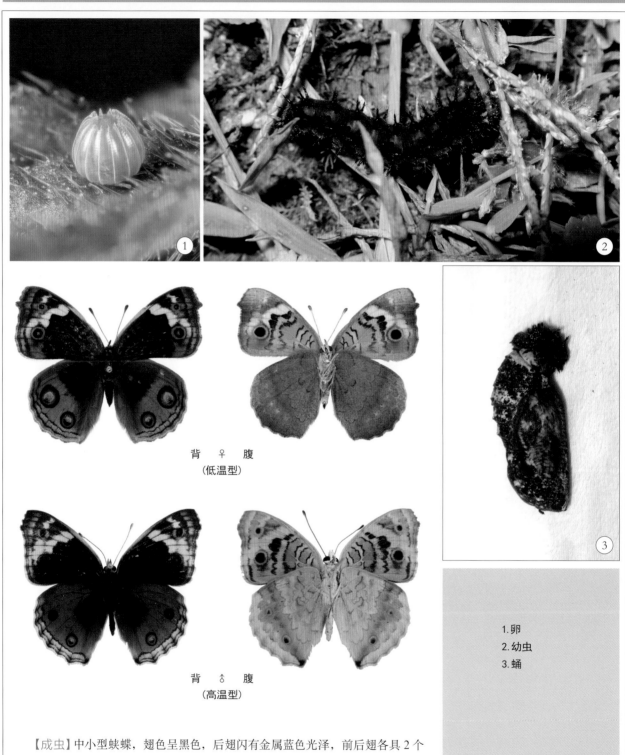

背　♀　腹
（低温型）

背　♂　腹
（高温型）

1.卵
2.幼虫
3.蛹

【成虫】中小型蛱蝶，翅色呈黑色，后翅闪有金属蓝色光泽，前后翅各具 2 个眼状斑纹。【卵】卵近圆形，表面纵脊明显，呈黄绿色。【幼虫】末龄幼虫体色呈黑色，体表具黑色棘刺，气孔下侧具黄色小斑；头部呈橙黄色。【蛹】蛹近椭圆形，呈黑色，具许多褐色和白色斑纹，背面具颗粒状小突起。【寄主】寄主为爵床科爵床 *Justicia procumbens* （590 页）等。【分布】广布于我国南方地区。

## 大红蛱蝶
### *Vanessa indica* (Herbst)

1. 卵
2. 低龄幼虫
3. 末龄幼虫
4. 蛹（背面）
5. 蛹（侧面）

背 ♂ 腹

【成虫】中型蛱蝶，翅色呈深褐色，前翅背面中域具橙红色斑带，后翅背面外缘区域呈橙红色。【卵】卵长圆形，呈绿色，表面具纵脊；散产于寄主植物叶面。【幼虫】初龄幼虫体色呈黑褐色，头部呈黑色；末龄幼虫背部呈赭褐色，散布黄色颗粒状小点，腹部两侧具淡黄色斑，体表棘刺呈黑色或黄色。幼虫栖息于叶巢中。【蛹】蛹呈褐色，胸背部中央具1个较大突起，腹背面具数个金色斑和3列颗粒状小突起。【寄主】寄主为榆科榆 *Ulmus pumila*（570页），荨麻科苎麻 *Boehmeria nivea*（572页）、序叶苎麻 *Boehmeria clidemioides* var. *diffusa*（572页）等。【分布】分布于我国东北区、华北区、华中区、西南区和华南区。

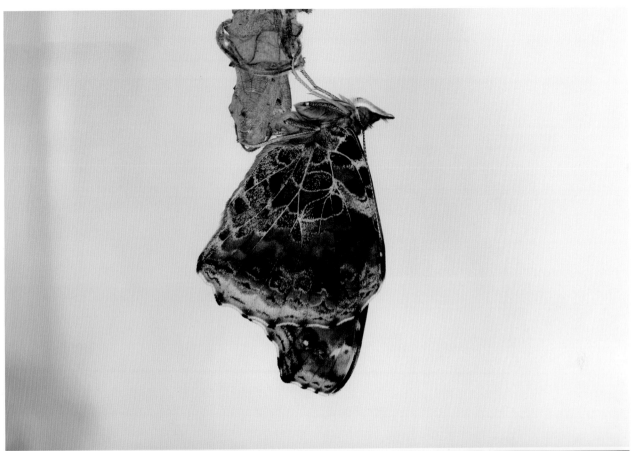

## 小红蛱蝶
### *Vanessa cardui* (Linnaeus)

背 ♂ 腹

1. 卵
2. 低龄幼虫
3. 末龄幼虫（背面）
4. 末龄幼虫（侧面）
5. 蛹（背面）
6. 蛹（侧面）

　　【成虫】中小型蛱蝶，翅背面呈淡橙红色，具黑色斑纹；前翅近顶角具白色小斑；后翅腹面呈淡褐色，亚外缘具1列小眼斑。【卵】卵长圆形，呈暗绿色，表面具纵脊。【幼虫】末龄幼虫背部呈黑色，散布黄色颗粒状小点，侧面气孔至腹足区域呈黄褐色；体表密布细毛；棘刺呈淡黄色，基部常呈橙红色。【蛹】蛹长椭圆形，呈淡褐色，具褐色斑带和黑色小点。【寄主】寄主为菊科野艾蒿 *Artemisia lavandulaefolia*（589页）、牛蒡 *Arctium lappa*（589页）、鼠曲草属 *Pseudognaphalium* 等。【分布】分布于我国大部分地区。

## 黄钩蛱蝶
### *Polygonia c-aureum* (Linnaeus)

1. 卵
2. 初龄幼虫
3. 末龄幼虫（背面）
4. 末龄幼虫（侧面）
5. 蛹（背面）
6. 蛹（侧面）

背 ♂ 腹

　　【成虫】中小型蛱蝶，翅背面呈橙黄色，具许多黑色斑点，后翅腹面中域具金色钩形斑。【卵】卵长圆形，呈绿色，表面具纵脊；散产于寄主植物叶面。【幼虫】初龄幼虫体色呈黄褐色，头部呈黑色；末龄幼虫体色呈深棕色至黑褐色，体表密布棕褐色棘刺。【蛹】蛹呈褐色，具墨绿色斑带，腹背面具 2 列小突起以及闪有金属色的淡色斑。【寄主】寄主为大麻科葎草 *Humulus scandens*（574 页）。【分布】分布于我国东北区、华北区、华中区、华南区和西南区。

## 白钩蛱蝶
### *Polygonia c-album* (Linnaeus)

背 ♂ 腹

1.幼虫（自然栖息姿态）
2.末龄幼虫（背面）
3.蛹（背面）
4.蛹（侧面）

　　【成虫】中小型蛱蝶，近似黄钩蛱蝶，但本种前翅背面基部没有黑点，后翅腹面的钩形斑呈银色。【幼虫】末龄幼虫体色呈褐色，具黄色、橙红色、蓝灰色和黑色斑纹；体表棘刺呈白色或淡粉色。幼虫栖息时呈扭曲状，腹部末端抬起。【蛹】蛹呈赭褐色，头部顶端具1对内弯的小突起，胸背部中央的突起较大。【寄主】寄主为榆科榆 *Ulmus pumila*（570页）等。【分布】分布于我国东北区、华北区、华中区和西南区。

## 琉璃蛺蝶
### *Kaniska canace* (Linnaeus)

1. 卵
2. 初龄幼虫
3. 末龄幼虫
4. 蛹（背面）
5. 蛹（侧面）

背 ♂ 腹

　　【成虫】中型蛺蝶，翅背面呈黑褐色，亚外缘具1条蓝色斑带；翅腹面呈深褐色，密布波状细纹。【卵】卵长圆形，呈绿色，表面具白色纵脊。【幼虫】初龄幼虫体色呈暗黄色，体表具白色小点，头部呈黑色；末龄幼虫体色呈黄褐色，具黑色和黄色斑纹，棘刺呈黄白色。【蛹】蛹狭长，呈棕褐色，具深褐色斑带；头部顶端具1对向内弯曲的细突起。【寄主】寄主为菝葜科菝葜属 *Smilax* (592页) 多种植物。【分布】分布于我国东北区、华北区、华中区、西南区和华南区。

# 拉达克荨麻蛱蝶
## *Aglais ladakensis* (Moore)

背 ♂ 腹

1. 幼虫（背面）
2. 幼虫（侧面）
3. 蛹（背面）
4. 蛹（侧面）

　　【成虫】小型蛱蝶，翅型较圆润；翅背面呈褐色，具黄色和橙黄色带纹，后翅呈灰褐色，密布波状细纹。【幼虫】末龄幼虫背部呈黑色，具黄色颗粒状小点，体侧呈淡褐色，气孔呈黑色；体表具黄白色细毛和黄色短棘刺；幼虫群聚性，栖息于叶巢中。【蛹】蛹长椭圆形，呈黑色，无明显斑纹。【寄主】寄主为荨麻科异株荨麻 *Urtica dioica*（573页）。【分布】分布于我国青藏区。

## 朱蛱蝶
### *Nymphalis xanthomelas* (Esper)

背 ♀ 腹

1.卵    2.幼虫    3.蛹

　　【成虫】中型蛱蝶，翅背面呈橙黄色，具黑色斑纹；翅腹面呈褐色，密布细波纹。【卵】卵长圆形，呈淡褐色，表面具明显的纵脊；聚产于寄主植物嫩芽处。【幼虫】末龄幼虫体色呈黑色，体表具黄白色斑纹，背部中央具黑色纵线；体侧棘刺末端呈黑色，基部呈橙黄色。【蛹】蛹呈灰褐色，腹部略呈棕褐色，气孔呈黑色；腹背面具 2 列小突起，胸背部中央具 1 个尖突。【寄主】寄主为杨柳科黄花柳 *Salix caprea*（568 页）、旱柳 *Salix matsudana*（568 页）等。【分布】分布于我国华北区、东北区、蒙新区和青藏区。

## 黄豹盛蛱蝶
### *Symbrenthia brabira* Moore

背 ♂ 腹

【成虫】小型蛱蝶，翅背面呈黑褐色，具橙黄色带纹，翅腹面呈淡黄色，密布黑褐色斑纹。【卵】卵扁圆形，呈墨绿色，具白色纵脊；散产于寄主植物叶反面。【幼虫】初龄幼虫体色呈黄绿色，头部呈黑色；末龄幼虫体色呈褐色，体表散布有黑色、黄色、赭色细纹，体侧具1列黄白色斑，体表棘刺呈白色或淡粉色，其基部呈红色。【蛹】蛹较瘦长，胸腹部呈黄绿色，翅区呈暗绿色，腹背部具数列褐色小突起。【寄主】寄主为荨麻科赤车属 *Pellionia* (572页) 植物。【分布】分布于我国华中区、华南区和西南区。

1. 卵
2. 初龄幼虫
3. 末龄幼虫（侧面）
4. 末龄幼虫（背面）
5. 末龄幼虫（头部）
6. 蛹（背面）
7. 蛹（侧面）

## 散纹盛蛱蝶
### *Symbrenthia lilaea* (Hewitson)

背 ♀ 腹

背 ♂ 腹

【成虫】小型蛱蝶，翅背面呈黑褐色，具数条橙黄色带纹；翅腹面呈淡黄色，密布褐色细纹。【卵】卵近圆形，呈淡黄色，表面具纵脊；聚产于寄主植物叶反面。【幼虫】幼虫群聚于寄主植物叶反面；末龄幼虫体色呈黑色，腹足呈淡褐色，背部具黑色棘刺。【蛹】蛹较狭长，呈深褐色，头部顶端具 1 对内弯的突起。【寄主】寄主为荨麻科苎麻 *Boehmeria nivea* (572 页)、野线麻 *Boehmeria japonica*(572 页) 等。【分布】分布于我国华中区、西南区和华南区。

1. 卵
2. 低龄幼虫
3. 末龄幼虫
4. 蛹（背面）
5. 蛹（侧面）

## 幻紫斑蛱蝶
### *Hypolimnas bolina* (Linnaeus)

1. 卵
2. 幼虫（背面）
3. 幼虫（侧面）
4. 蛹

背 ♂ 腹

　　【成虫】中大型蛱蝶，翅背面呈黑褐色，雄蝶前翅顶角具小白斑，两翅中域各1个大白斑并有蓝紫色光泽；雌蝶后翅无白斑，亚外缘具白斑列。【卵】卵呈淡绿色，表面具纵脊；散产于寄主植物叶反面。【幼虫】末龄幼虫体色呈黑色，体表具橙黄色棘刺；头部呈橙红色，顶端具1对黑色棘刺状突起。【蛹】蛹近椭圆形，呈土褐色并具褐色和黑色斑纹，腹背面具许多尖突。【寄主】寄主为荨麻科苎麻 *Boehmeria nivea*（572页）、旋花科番薯 *Ipomoea batatas*（590页）等。【分布】广布于我国南方地区。

## 曲纹蜘蛱蝶
### *Araschnia doris* Leech

背 ♀ 腹
（低温型）

背 ♂ 腹
（高温型）

1.卵　　2.末龄幼虫　　3.蛹（背面）　　4.蛹（侧面）
5.蛹（腹面）　　6.蛹（侧面）

【成虫】小型蛱蝶，翅背面呈橙黄色，具黑色斑纹，翅中域具 1 条黄白色
斑带；低温型个体前翅中域的黄带消失，翅腹面呈棕红色。【卵】卵近圆形，
但两端较平，呈深绿色，表面具纵脊；常叠产于寄主植物叶面。【幼虫】末
龄幼虫体色呈褐色，腹背面以及体表的棘刺呈黄白色或灰白色；头部顶端具
1 对棘刺状突起。幼虫常栖息于寄主植物叶反面。【蛹】蛹体色多变，呈黄
褐色、绿褐色或闪金色光泽；胸背部突起明显，腹部前端两侧具 1 对突起，
头部顶端具 1 对尖突。【寄主】寄主为荨麻科苎麻 *Boehmeria nivea*（572 页）、
序叶苎麻 *Boehmeria clidemioides* var. *diffusa*（572 页）等。【分布】分布于
我国华中区。

## 斑网蛱蝶
### *Melitaea didymoides* Eversmann

背 ♀ 腹

背 ♂ 腹

【成虫】小型蛱蝶，翅背面呈橙黄色，具许多黑色小斑点，外缘呈黑色；后翅腹面具黄白色斑带和黑色斑列。【卵】卵近圆形，呈黄色；聚产于寄主植物叶反面。【幼虫】低龄幼虫呈黄褐色，头部呈黑色；末龄幼虫体色呈灰白色，背部具橙黄色粗短棘刺，其末端呈白色。【蛹】蛹长椭圆形，呈白色，具黑色和橙色斑纹和斑点，气孔呈黑色。【寄主】寄主为玄参科地黄 *Rehmannia glutinosa*（590页）。【分布】分布于我国华北区和东北区。

1. 卵
2. 低龄幼虫
3. 幼虫
4. 蛹

# 西堇蛱蝶
## *Euphydryas sibirica* (Staudinger)

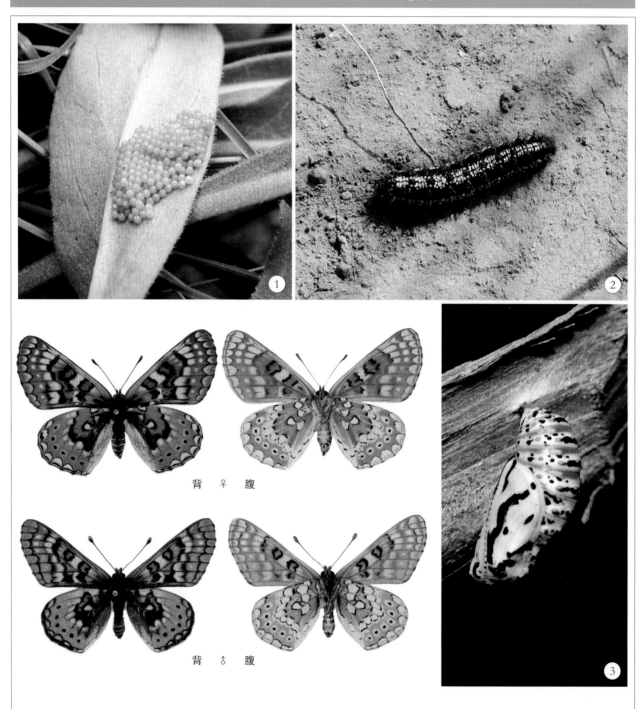

背 ♀ 腹

背 ♂ 腹

【成虫】小型蛱蝶，翅背面呈橙黄色，后翅亚外缘具1列黑点，后翅腹面中域具黄白色斑带。【卵】卵近圆形，呈黄色；聚产于寄主植物叶反面。【幼虫】末龄幼虫体色呈黑色，体背和体侧具许多由白色小斑构成的斑带，背部棘刺呈黑色。【蛹】蛹长椭圆形，呈白色，具黑色斑带及黑斑，腹背部及侧面具橙色圆斑。【寄主】寄主为川续断科蓝盆花 *Scabiosa comosa* （589页）。【分布】分布于我国华北区和东北区。

1. 卵
2. 幼虫
3. 蛹

## 波蛱蝶
*Ariadne ariadne* (Linnaeus)

1. 卵
2. 末龄幼虫（侧面）
3. 末龄幼虫（背面）
4. 蛹（背面）
5. 蛹（侧面）

背　♂　腹

　　【成虫】中小型蛱蝶，翅呈棕褐色，具黑色波状细纹，前缘近顶角处具1个小白斑。【卵】卵为圆形，呈淡绿色，表面布满白色细毛状突起。【幼虫】末龄幼虫体色呈褐色，具淡褐色细纹；背部中央具1条黄色纵带，并具黑色横纹；体表棘刺基部区域呈红色；头部顶端具1对棘刺状突起。【蛹】蛹呈灰绿色或褐色，后胸两侧内凹，翅区具叶脉状细纹。【寄主】寄主为大戟科蓖麻 *Ricinus communis*（555页）。【分布】分布于我国华南区和西南区。

## 穆蛱蝶
### *Moduza procris* (Cramer)

背 ♂ 腹

1. 卵
2. 末龄幼虫
3. 蛹（背面）
4. 蛹（侧面）

　　【成虫】中型蛱蝶，翅背面呈褐色，中域具白斑，亚外缘区域呈棕褐色；翅腹面基部呈灰色。【卵】卵长椭圆形，呈淡绿色，表面具六边形凹刻和短刺状突起。【幼虫】幼虫体色呈褐色，具黑褐色斑，背部具不规则的黑色或褐色棘刺。【蛹】蛹体狭长，呈深褐色，翅区向两侧扩张，头部顶端具 1 对突起。【寄主】寄主为茜草科钩藤 *Uncaria rhynchopylla*（587 页）以及水锦树属 *Wendlandia*（587 页）等植物。【分布】分布于我国华南区和西南区。

## 耙蛱蝶
*Bhagadatta austenia* (Moore)

背 ♂ 腹

1. 卵
2. 初龄幼虫
3. 3龄幼虫
4. 末龄幼虫
5. 蛹

【成虫】中大型蛱蝶，翅色呈褐色，雄蝶翅背面闪紫色光泽；内翅亚外缘具"<"字形斑，外缘呈波状；翅腹面呈淡褐色。【卵】卵念珠状，呈乳白色，表面具淡褐色网纹；叠产于寄主植物叶面。【幼虫】初龄幼虫体色呈黄绿色，头部呈黑色；末龄幼虫体色呈黑褐色并密布淡黄色杂斑，背部具淡红色棘刺，头部呈棕褐色。幼虫通常群聚。【蛹】蛹长椭圆形，呈黄绿色，翅区内缘以及腹背线呈淡紫色；气孔黑色，外围有蓝色晕。【寄主】寄主为茶茱萸科定心藤 *Mappianthus iodoides* (574页)。【分布】分布于我国华中区南部、华南区和西南区。

## 尖翅翠蛱蝶
### *Euthalia phemius* (Doubleday)

背 ♀ 腹

背 ♂ 腹

【成虫】中型蛱蝶，翅型尖锐，翅背面呈黑褐色；雄蝶后翅末端呈蓝色，雌蝶前翅具1条白色斜带。【卵】卵扁圆形，呈淡绿色，表面具凹刻和细毛状突起；散产于寄主植物叶面。【幼虫】末龄幼虫体色呈绿色，背部具1条白色细线，体侧具发达的羽状棘突，形态如同刺蛾幼虫。【蛹】蛹呈翠绿色，前胸两侧各具1个白色圆斑，中胸背面具1个圆形白斑；腹部中部具屋脊状突起，并具1条白色横线；头部具1对白色突起。【寄主】寄主为漆树科杧果 *Mangifera indica*（582页）。【分布】分布于我国华中区南部、华南区和西南区。

1.卵
2.末龄幼虫
3.蛹（背面）
4.蛹（侧面）

## 暗斑翠蛱蝶
### *Euthalia monina* (Fabricius)

背 ♀ 腹

背 ♂ 腹

【成虫】中型蛱蝶，雄蝶翅背面呈黑褐色，亚外缘呈蓝灰色；雌蝶翅背面呈黄褐色，亚外缘具淡色斑带，翅腹面呈黄褐色。【卵】卵扁圆形，表面具六边形凹刻。【幼虫】初龄幼虫体色呈黄色；末龄幼虫体色呈绿色，背部具1条宽阔的淡黄色纵线，虫体两侧具羽状棘突。【蛹】蛹呈翠绿色，前胸两侧各具1个白色圆斑，中胸背面具1个银白色圆斑；腹背部中部隆起，具银白色斑带；头部顶端具1对小突起。【寄主】寄主为大戟科毛桐 *Mallotus barbatus*（555页）。【分布】分布于我国华中区、华南区和西南区。

1. 卵
2. 初龄幼虫
3. 末龄幼虫
4. 蛹

## 红斑翠蛱蝶
### *Euthalia lubentina* (Cramer)

背 ♀ 腹

背 ♂ 腹

【成虫】中型蛱蝶，雄蝶翅背面呈黑褐色，具暗绿色金属光泽，散布淡红色和白色斑点；雌蝶前翅中域具白色斑带。【卵】卵扁圆形，呈褐色，表面具较大的六边形凹刻。【幼虫】初龄幼虫体色呈黄色；末龄幼虫体色呈绿色，背部具棕褐色圆斑，两侧具羽状棘突，棘突的末端呈褐色。【蛹】蛹呈翠绿色，胸背两侧各具1个较大的褐色斑，头部顶端的突起不显著。【寄主】寄主为桑寄生科桑寄生 *Taxillus sutchuenensis*（575 页）。【分布】分布于我国华中区南部、华南区和西南区。

1. 卵
2. 初龄幼虫
3. 末龄幼虫
4. 蛹

## 绿裙蛱蝶
### *Cynitia whiteheadi* (Crowley)

背 ♀ 腹

背 ♂ 腹

【成虫】中型蛱蝶，雄蝶翅背面呈黑褐色，后翅亚外缘具灰蓝色斑带；雌蝶后翅蓝色斑带更发达。【卵】卵馒头形，呈绿色，表面具细小的六边形凹刻和小突起。【幼虫】初龄幼虫体色呈黄色；末龄幼虫体色呈绿色，背部具黑色斑点，其外围有蓝色、淡红色和黄色环，两侧具绿色羽状棘突。【蛹】蛹呈翠绿色，胸背部具许多黄色斑纹，头部顶端的突起呈黄色。【寄主】寄主为山茶科木荷 *Schima superba*（554 页）。【分布】分布于我国华中区、华南区和西南区。

1. 卵
2. 初龄幼虫
3. 末龄幼虫
4. 蛹

## 绿裙玳蛱蝶
### *Tanaecia julii* (Lesson)

背 ♀ 腹

背 ♂ 腹

【成虫】中型蛱蝶，雄蝶翅背面呈黑褐色，具暗绿色金属光泽，散布淡红色和白色斑点；雌蝶前翅中域具白色斑带。【卵】卵扁圆形，呈褐色，表面具较大的六边形凹刻。【幼虫】初龄幼虫体色呈黄色；末龄幼虫体色呈绿色，背部具棕褐色圆斑，两侧具羽状棘突，棘突末端呈褐色。【蛹】蛹呈翠绿色，胸背两侧各具1个较大的褐色斑，头部顶端的突起不显著。【寄主】寄主为寄主为山榄科人心果 *Manilkara zapota* (584页)。【分布】分布于我国华中区南部、华南区和西南区。

1. 卵
2. 初龄幼虫
3. 末龄幼虫
4. 蛹

# 婀蛱蝶
*Abrota ganga* Moore

背 ♀ 腹

背 ♂ 腹

【成虫】中大型蛱蝶，雄蝶翅面呈橙黄色，具黑色斑纹；雌蝶翅呈黑褐色，具黄色条纹。【卵】卵扁圆形，表面具凹刻和细毛状突起；聚产于寄主植物叶面。【幼虫】初龄幼虫体色呈黄绿色，为群居性；3龄后的幼虫背刺向体侧生长，并逐渐转为单独栖息；末龄虫体色呈绿色，背部中央具1列粉红色圆斑，体两侧具呈羽毛状棘突。【蛹】蛹翠绿色，头部具1对银白色突起，胸部和腹部具许多黄白色斑纹，其外围有红褐色环纹。【寄主】寄主为壳斗科钩锥 *Castanopsis tibetana*。【分布】分布于我国华中区、华南区和西南区。

1. 卵
2. 初龄幼虫
3. 末龄幼虫（背面）
4. 末龄幼虫（侧面）
5. 蛹（背面）
6. 蛹（侧面）

## 残锷线蛱蝶
### *Limenitis sulpitia* (Cramer)

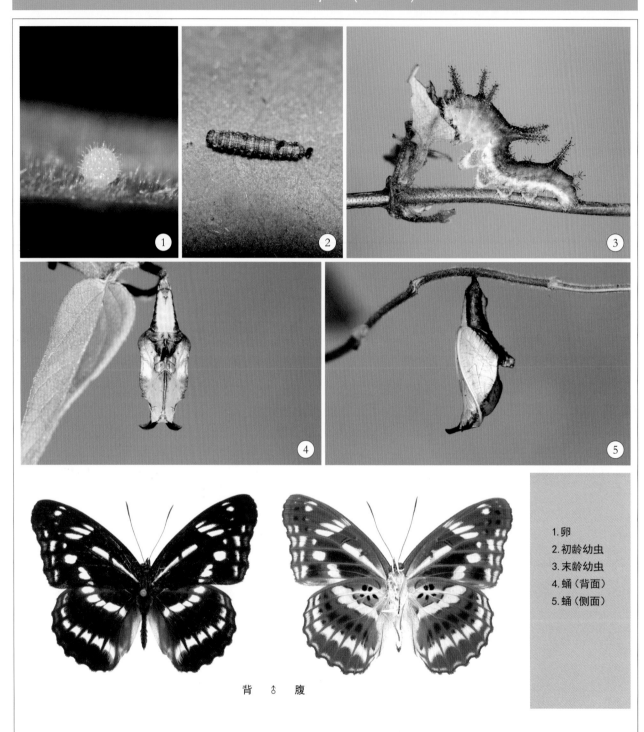

背 ♂ 腹

1.卵
2.初龄幼虫
3.末龄幼虫
4.蛹（背面）
5.蛹（侧面）

　　【成虫】中型蛱蝶，翅背面呈黑褐色，前翅中室白带常为断裂状；后翅腹面基部具 6 个小黑斑，亚外缘具 1 列白斑，每个白斑内侧镶有黑点。【卵】卵圆形，呈淡黄色至黄绿色，表面具六边形凹刻和白色细毛。【幼虫】初龄幼虫体色呈褐色；末龄幼虫体色呈绿色，体侧气孔处具 1 条粉白色纵带，中胸、后胸、第 2 腹节和第 7 腹节背部各具 1 对棘突。【蛹】蛹呈绿色，腹部侧面具黑褐色斑带，腹背部具 1 个片状突起，头部顶端具 1 对向外弯曲的耳状突起。【寄主】寄主为忍冬科金银花 *Lonicera japonica*（588 页）。【分布】分布于我国华中区、华南区和西南区。

## 重眉线蛱蝶
### *Limenitis amphyssa* Ménétriès

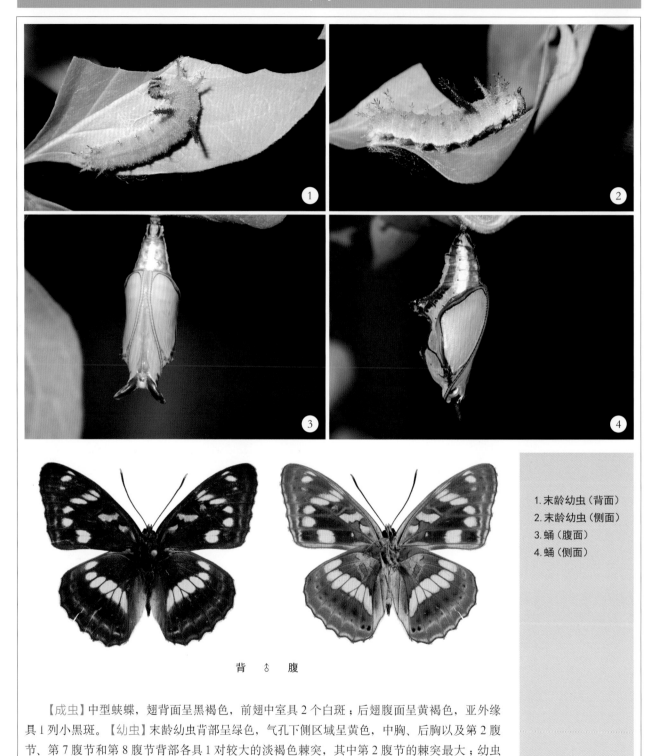

1. 末龄幼虫（背面）
2. 末龄幼虫（侧面）
3. 蛹（腹面）
4. 蛹（侧面）

背 ♂ 腹

【成虫】中型蛱蝶，翅背面呈黑褐色，前翅中室具 2 个白斑；后翅腹面呈黄褐色，亚外缘具 1 列小黑斑。【幼虫】末龄幼虫背部呈绿色，气孔下侧区域呈黄色，中胸、后胸以及第 2 腹节、第 7 腹节和第 8 腹节背部各具 1 对较大的淡褐色棘突，其中第 2 腹节的棘突最大；幼虫头部呈淡褐色，顶端具 1 对黑色尖刺。【蛹】蛹头胸部和翅区呈淡绿色，翅区外缘呈褐色；腹部呈黄色并闪金属光泽，其侧面具 2 条褐色纵带；腹背部中央具 1 突起；头部顶端具 1 对较长的黑色耳状突起。【寄主】寄主为忍冬科双盾木 *Dipelta floripunda*、金花忍冬 *Lonicera chrysantha*（588 页）等。【分布】分布于我国华北区、东北区、华中区北部和西南区。

## 横眉线蛱蝶
### *Limenitis moltrechti* Kardakov

背 ♂ 腹

1.卵　　2.幼虫　　3.蛹

　　【成虫】中型蛱蝶，翅背面呈黑褐色，斑纹呈白色，前翅中室具1个斜向白斑；翅腹面呈深褐色。【卵】卵近圆形，呈黄绿色，表面具较浅凹刻和细毛。【幼虫】末龄幼虫体色呈黄绿色，中胸、后胸、第2腹节、第7腹节和第8腹节背部各具1对较大的淡绿色棘突，第3～6腹节背部具棕红色小棘突。【蛹】蛹呈淡褐色，具深褐色带纹，气孔呈黑色；腹背部中域具1个片状突起；头部顶端具1对褐色耳状突起。【寄主】寄主为忍冬科六道木 *Abelia biflora*。【分布】分布于我国华北区和东北区。

## 扬眉线蛱蝶
### *Limenitis helmanni* Lederer

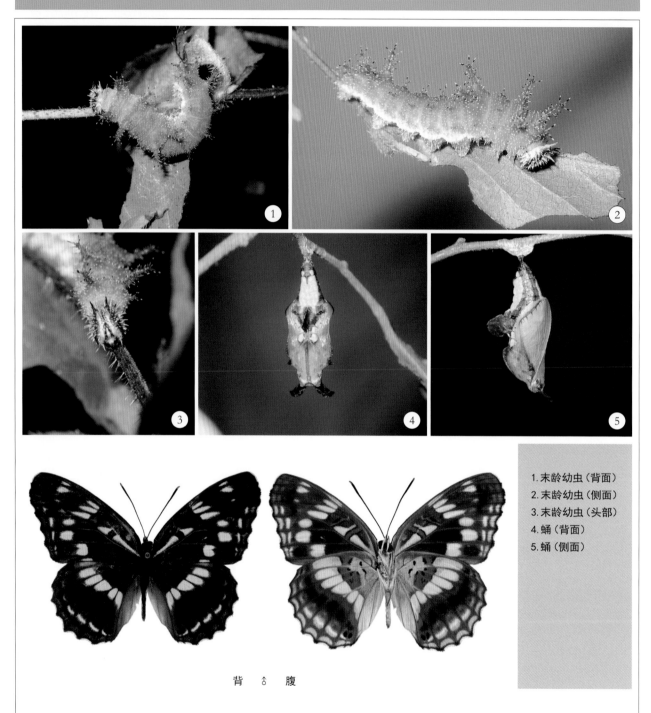

1. 末龄幼虫（背面）
2. 末龄幼虫（侧面）
3. 末龄幼虫（头部）
4. 蛹（背面）
5. 蛹（侧面）

背 ♂ 腹

　　【成虫】中型蛱蝶，翅背面呈黑褐色，斑纹呈白色；前翅中室的斑带呈断裂状；后翅腹面近臀角处具 2 个小黑斑。【幼虫】末龄幼虫体色呈绿色，中胸、后胸、第 2 腹节、第 7 腹节和第 8 腹节背部各具 1 对蓝绿色棘突，且棘突的基部呈橙黄色；幼虫头部呈淡褐色，并密布细小棘刺。【蛹】蛹头胸部和翅区呈淡绿色，腹部呈黄色且侧面具褐色宽带；腹背部具 1 个片状突起；头部顶端具 1 对较长的黑色耳状突起。【寄主】寄主为忍冬科苦糖果 *Lonicera fragrantissima*（588 页）、金花忍冬 *Lonicera chrysantha*（588 页）、金银花 *Lonicera japonica*（588 页）等。【分布】分布于我国华北区、东北区、华中区和西南区。

## 折线蛱蝶
### *Limenitis sydyi* Lederer

背 ♂ 腹

1.卵　　2.幼虫　　3.蛹

【成虫】中型蛱蝶，翅背面呈黑褐色，斑纹呈白色；前翅中室常具细小白色带纹；后翅腹面基部至前缘呈灰白色，亚外缘具1列小黑点，外缘具2列白斑。【卵】卵圆形，呈黄色，表面具凹刻和白色细毛。【幼虫】幼虫体色呈褐色，具黑色斜带，体表密布褐色棘刺；头部布满细小棘刺。【蛹】蛹呈淡黄白色，闪金属光泽，体表具黑纹和黑斑列，气孔呈黑色；腹背部中域具1个片状突起。【寄主】寄主为蔷薇科三桠绣线菊 *Spiraea trilobata*（560页）、土庄绣线菊 *Spiraea pubescens*（560页）等。【分布】分布于我国华北区、东北区和华中区。

## 离斑带蛱蝶
### *Athyma ranga* Moore

背 ♂ 腹

1.卵
2.末龄幼虫（背面）
3.末龄幼虫（侧面）
4.末龄幼虫（头部）
5.蛹（背面）
6.蛹（侧面）

　　【成虫】中型蛱蝶，翅背面呈黑褐色，翅中域具1列较大白斑，亚外缘具2列灰白色小斑；翅腹面基部以及前翅中室内具许多紧靠着的白斑。【卵】卵圆形，呈黄绿色，表面具六边形凹刻和白色细毛。【幼虫】末龄幼虫体色呈深绿色，背部具淡褐色棘刺，第5腹节呈黄白色，体侧气门处呈黄白色；幼虫头部中央呈黑褐色，外侧具2列褐色尖刺。【蛹】蛹呈黄褐色，体表面具许多闪银色光泽的白斑，气孔呈黑褐色；胸背部和腹背部前端各具1突起；头部具1对朝向外侧尖突。【寄主】寄主为木犀科桂花 *Osmanthus fragrans*（586页）等。【分布】分布于我国华中区、华南区和西南区。

## 黄环蛱蝶
### *Neptis themis* Leech

背 ♂ 腹

1.幼虫（背面）　　2.幼虫（侧面）　　3.蛹（侧面）

【成虫】中型蛱蝶，翅背面呈黑褐色，前翅中室内具黄色条状斑纹，后翅中域具 1 条宽阔的黄色斑带；翅腹面呈黄褐色至红褐色，具黄色和白色斑纹。【幼虫】末龄幼虫体色呈黄绿色，体侧具暗绿色和白色斜带，腹部末端两侧呈黄白色；中胸、后胸、第 2 腹节、第 7 腹节和第 8 腹节背部各具 1 对棘突；头部顶端具 1 对角状突起。【蛹】蛹呈淡黄绿色，后胸背部具 1 对银白色斑，腹背部前端具褐色小突起；气孔呈黄褐色。【寄主】寄主为落叶的壳斗科 Fagaceae 植物。【分布】分布于我国华北区、华中区和西南区。

## 司环蛱蝶
### *Neptis speyeri* Staudinger

1. 末龄幼虫（侧面）
2. 末龄幼虫（头部）
3. 蛹（腹面）
4. 蛹（侧面）

背　♂　腹

　　【成虫】中型蛱蝶，翅背面呈黑褐色，前翅中室内具白色条状斑纹，近顶角处具许多白斑，后翅具 2 列白斑；翅腹面呈黄褐色。【幼虫】末龄幼虫体色呈深褐色，背部中央具 1 条淡褐色纵线，体侧具黑色斜带；头部呈黑褐色；顶端具 1 对小突起；中胸、后胸、第 2 腹节、第 7 腹节和第 8 腹节背部各具 1 对棘突。【蛹】蛹呈淡黄白色并闪珍珠光泽；翅区具黑色细线，其外缘具 1 列三角形黑斑；腹部具数列黑色斑点。【寄主】寄主为桦木科昌化鹅耳枥 *Carpinus tschonoskii*（569 页）等。【分布】分布于我国华北区、东北区、华中区和西南区。

## 重环蛱蝶
### *Neptis alwina* Bremer & Grey

背 ♂ 腹

　　【成虫】中型蛱蝶，翅背面呈黑褐色，前翅中室白色斑带的外缘不平整，亚顶角区域散布小白斑；后翅具 2 列白斑；翅腹面呈棕褐色，白斑外侧常镶有黑色细边。【卵】卵圆形，呈绿色，表面布满凹刻和白色细毛。【幼虫】末龄幼虫体色呈黄绿色，背线淡褐色，侧面具深褐色斜带；中胸、后胸、第 2 腹节、第 7 腹节和第 8 腹节背部各具 1 对棘突；头部呈淡褐色，顶端具 1 对小突起。【蛹】蛹呈淡黄绿色，具褐色细纹，头部顶端中央略凹入。【寄主】寄主为蔷薇科桃 *Prunus persica*（557 页）、梅 *Prunus mume*（557 页）、山杏 *Prunus sibirica*（558 页）等。【分布】分布于我国华北区、东北区和华中区。

1.卵
2.幼虫
3.蛹

## 断环蛱蝶
### *Neptis sankara* (Kollar)

背 ♀ 腹

背 ♂ 腹

【成虫】中型蛱蝶，翅背面呈黑褐色，斑纹呈白色或淡黄色；前翅中室白色斑带不完全断裂，亚顶角区域的白斑呈长椭圆形，后翅具 2 列白斑；翅腹面棕褐色，后翅基部具 2 条细短带。【幼虫】末龄幼虫体色呈淡棕褐色，前胸、中胸以及腹部下侧区域的颜色较深，腹部后部的下侧区域呈深棕色，第 7 腹节侧面具黄白色斑；后胸具 1 对伸向前方的尖突；头部呈深棕色，顶端具 1 对小尖突。【蛹】蛹背面呈棕褐色，侧面和腹面呈淡棕褐色，头部顶端具 1 对小尖突。【寄主】寄主为蔷薇科枇杷 *Eriobotrya japonica*（556 页）等。【分布】分布于我国华中区、华南区和西南区。

1. 末龄幼虫（背面）
2. 末龄幼虫（侧面）
3. 蛹（背面）
4. 蛹（侧面）

## 小环蛱蝶
### *Neptis sappho* (Pallas)

背 ♀ 腹

1.卵
2.初龄幼虫
3.末龄幼虫
4.蛹（背面）
5.蛹（侧面）

【成虫】中小型蛱蝶，翅背面呈黑褐色，前翅中室具1条断裂的白色斑带，两翅亚外缘和中域各具1列白斑。翅腹面底色呈棕红色。【卵】卵圆形，淡绿色，表面布满六边形凹刻和白色细毛。【幼虫】初龄幼虫体色呈暗黄绿色，头部呈褐色；末龄幼虫体色呈淡褐色，体表密布白色和墨绿色颗粒状斑点，中胸、后胸、第2腹节和第8腹节背部各具1对棘突；幼虫栖息时身体前半段抬起，胸部耸起。【蛹】蛹呈淡黄色，具褐色细纹，腹背部具黄白色小斑，气孔呈黑褐色。【寄主】寄主为蝶形花科葛 *Pueraria montana*（566页）、华东木蓝 *Indigofera fortunei*（567页）、黄檀 *Dalbergia hupeana*（565页）、日本胡枝子 *Lespedeza thunbergii*（564页）等。【分布】分布于我国大部分地区。

## 中环蛱蝶
### *Neptis hylas* (Linnaeus)

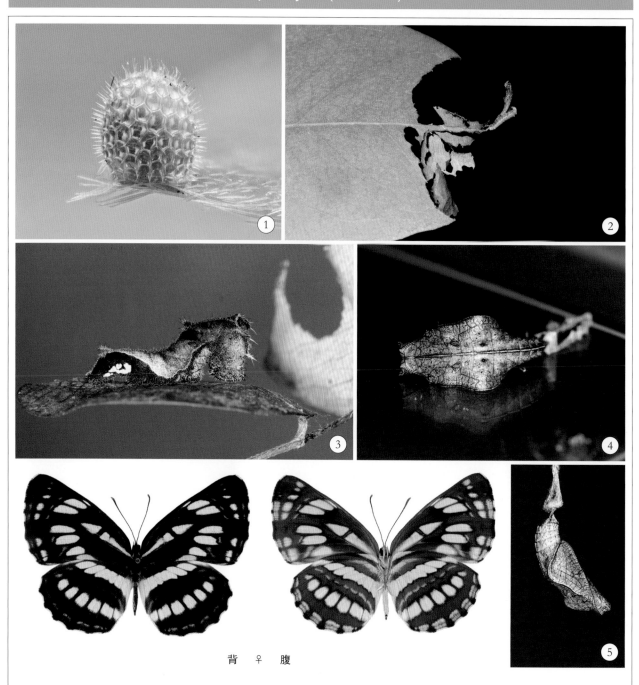

背 ♀ 腹

【成虫】中小型蛱蝶，翅背面呈黑褐色，前翅中室具 1 条断裂的白带，两翅亚外缘和中域各具 1 条白斑列；翅腹面呈黄褐色，白斑外缘具明显的黑边。【卵】卵长圆形，呈绿色，表面布满六边形凹刻及细毛。【幼虫】初龄幼虫体色呈褐色，栖息于寄主植物主脉尖端；末龄幼虫体色呈褐色，具淡褐色斑带，背部棘突不发达，腹部末端两侧具黄绿色斑。幼虫栖息时身体前半段抬起，胸部耸起。【蛹】蛹呈淡褐色，具褐色细纹，腹背部具银白色小斑，气孔呈黑褐色。【寄主】寄主为蝶形花科黄檀 *Dalbergia hupeana*（565 页）、葛 *Pueraria montana*（566 页）等。【分布】分布于我国华中区、华南区和西南区。

1. 卵
2. 初龄幼虫
3. 末龄幼虫（侧面）
4. 蛹（背面）
5. 蛹（侧面）

## 珂环蛱蝶
### *Neptis clinia* Moore

1. 卵
2. 初龄幼虫
3. 末龄幼虫（背面）
4. 末龄幼虫（侧面）
5. 蛹（背面）
6. 蛹（侧面）

背 ♂ 腹

　　【成虫】中小型蛱蝶，近似小环蛱蝶，但本种前翅中室的白带多相连；后翅腹面外缘常具白色细线。【卵】卵长圆形，呈暗绿色，表面布满六边形凹刻及细毛。【幼虫】低龄幼虫体色呈淡绿褐色，头部淡褐色；末龄幼虫体色呈褐色，具黑褐色和淡褐色斑带，体表具短小细毛，背部棘突较小，腹部末端两侧具数个黄绿色小斑。【蛹】蛹呈淡褐色，闪较弱的金属光泽，气孔呈褐色。【寄主】寄主为梧桐科苹婆属 *Sterculia* 以及荨麻科紫麻 *Oreocnide frutescens* 等植物。【分布】广布于我国南方地区。

## 电蛱蝶
### *Dichorragia nesimachus* (Doyère)

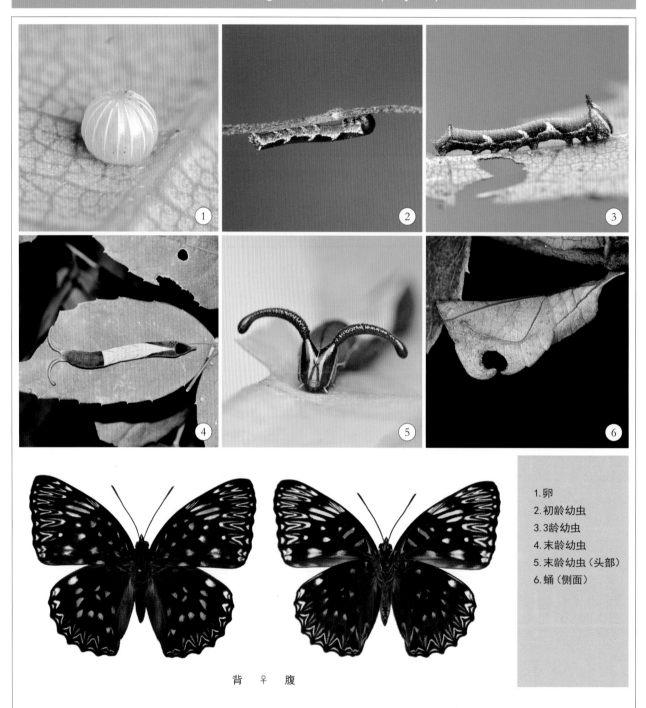

背 ♀ 腹

1. 卵
2. 初龄幼虫
3. 3龄幼虫
4. 末龄幼虫
5. 末龄幼虫（头部）
6. 蛹（侧面）

【成虫】中型蛱蝶，翅背面呈深蓝色，散布白色和淡蓝色斑纹，亚外缘具白色波状纹。【卵】卵近圆形，呈黄白色，表面具白色纵脊。【幼虫】初龄幼虫体色呈深绿色，体侧具褐色及白色细纹，头部圆形；2龄开始头部顶端显现出1对突起，并逐龄增长；末龄幼虫头部突起如同羊角状，第3~8腹节背部呈淡绿色或淡褐色，腹部末端呈褐色且尖锐。【蛹】蛹呈褐色，具深褐色线纹，如同枯叶状；胸背部具1个后弯的钩状突起，腹背部前端具伸向前方的小突起。【寄主】寄主为清风藤科羽叶泡花树 *Meliosma oldhamii*（581页）、腺毛泡花树 *Meliosma glandulosa*（581页）、多花泡花树 *Meliosma myriantha*（581页）等。【分布】广布于我国南方地区。

## 素饰蛱蝶
### Stibochiona nicea (Gray)

1. 卵
2. 末龄幼虫（背面）
3. 末龄幼虫（侧面）
4. 末龄幼虫（头部）
5. 蛹（背面）
6. 蛹（侧面）

背 ♂ 腹

　　【成虫】中小型蛱蝶，翅色呈黑褐色，背面具暗蓝色光泽，前翅具许多白色小斑；后翅外缘具1列白色环形斑。【卵】卵近圆形，呈黄白色，表面具纵脊。【幼虫】末龄幼虫体色呈黑色，第3～8腹节背部呈绿色，第9腹节背部具1对小突起；头部顶端具1对黑色"V"字形角状突起，中部内侧具2个小棘刺，末端膨大如球状。【蛹】蛹长椭圆形，呈黑褐色并夹杂黑色和淡褐色细纹，背面密布颗粒状突起。【寄主】寄主为荨麻科紫麻 Oreocnide frutescens。【分布】广布于我国南方地区。

## 黑绢蛱蝶
*Calinaga lhatso* Oberthür

1. 卵
2. 初龄幼虫
3. 幼虫（背面）
4. 蛹（侧面）

背 ♂ 腹

　　【成虫】中型蛱蝶，翅色呈黑褐色，翅脉色呈黑褐色，后翅具发达的淡黄色斑纹。【卵】卵扁锥形，呈白色半透明状，表面密布细小刻纹。【幼虫】初龄幼虫体色呈黄绿色，头部圆形，顶端具1对黑斑；末龄幼虫体色呈绿色，体表具淡黄色细毛，气孔呈黑色，头部顶端具1对密布黑色细毛的棒状突起。【蛹】蛹呈圆形，呈淡黄绿色，具褐色斑点和细纹，气孔呈黄褐色。【寄主】寄主为桑科桑属 *Morus* 植物。【分布】分布于我国华中区。

# 大卫绢蛱蝶
*Calinaga davidis* Oberthür

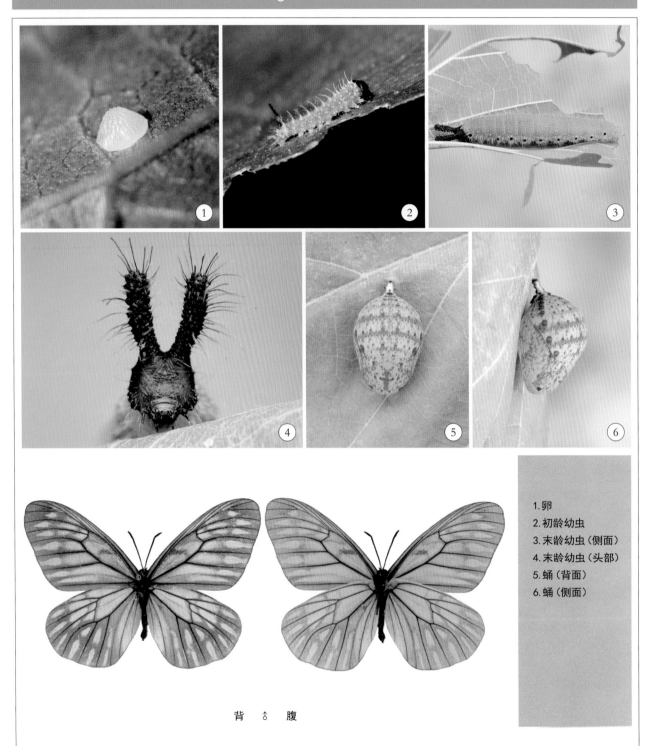

1. 卵
2. 初龄幼虫
3. 末龄幼虫（侧面）
4. 末龄幼虫（头部）
5. 蛹（背面）
6. 蛹（侧面）

背 ♂ 腹

【成虫】中型蛱蝶，翅呈淡黄褐色，翅脉呈黑灰色。【卵】卵扁锥形，呈白色半透明状，表面密布细小凹刻。【幼虫】初龄幼虫体色呈淡黄色，头部圆形呈褐色；末龄幼虫体色呈绿色，体表布满细小黄色颗粒纹，气孔呈黑褐色，头部顶端具1对密布褐色细毛的棒状突起。【蛹】蛹近圆形，呈淡黄色至淡绿色或淡褐色，布有黄褐色细纹，气孔呈棕红色。【寄主】寄主为桑科鸡桑 *Morus australis*（572页）等。【分布】分布于我国华中区和西南区。

## 傲白蛱蝶
### *Helcyra superba* Leech

背 ♂ 腹

1.卵
2.末龄幼虫
3.越冬幼虫
4.蛹（侧面）

　　【成虫】中大型蛱蝶，翅色呈白色，前翅背面顶角区域呈黑色，后翅背面亚外缘具1条黑色波状纹。【卵】卵圆形，表面具不发达的纵脊；刚产下的卵呈白色，发育后显现许多褐色小斑。【幼虫】末龄幼虫蛞蝓型，胸背部具1对淡色细线，腹背部中央具1个不规则的黄绿色斑；头部顶端具1对角状突起，其末端折向内侧。越冬幼虫体色呈深褐色。【蛹】蛹呈淡绿色，如同叶状；翅区外缘呈淡黄色，胸背部和腹背部中央呈褐色，腹背部前端呈凹入状。【寄主】寄主为榆科天目朴 *Celtis chekiangensis*（571页）等。【分布】分布于我国华中区。

# 银白蛱蝶
## Helcyra subalba (Poujade)

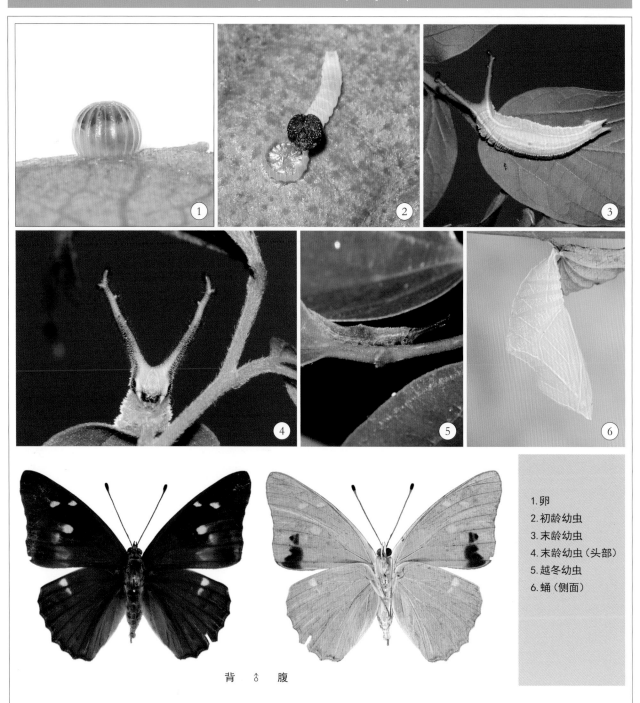

背 ♂ 腹

1. 卵
2. 初龄幼虫
3. 末龄幼虫
4. 末龄幼虫（头部）
5. 越冬幼虫
6. 蛹（侧面）

【成虫】中型蛱蝶，翅背面呈褐色，腹面呈银白色，有些个体翅腹面亚外缘区域具褐色斑带。【卵】卵圆形，略扁，表面具不发达的纵脊；刚产下的卵呈黄白色，发育后显现许多褐色小斑。【幼虫】初龄幼虫体色呈淡黄色，头部呈黑褐色；末龄幼虫蛞蝓型，体色呈黄绿色，背部具黄色和白色纵线，头部顶端具 1 对角状突起。越冬幼虫体色呈深褐色，背部中央具 1 个小突起。【蛹】蛹呈淡绿色，具黄绿色线纹，如同叶脉状；腹背部前端向内凹陷，头部顶端具 1 对小突起。【寄主】寄主为榆科天目朴 Celtis chekiangensis（571 页）、紫弹朴 Celtis biondii（571 页）等。【分布】分布于我国华中区、华南区。

## 迷蛱蝶
### *Mimathyma chevana* (Moore)

1. 卵
2. 初龄幼虫
3. 末龄幼虫
4. 4龄幼虫（头部）
5. 蛹

背 ♂ 腹

　　【成虫】中型蛱蝶，翅背面呈黑褐色，亚外缘和中域各具1列白斑，前翅中室内具1个长条形白斑；翅腹面银白色，具黑色及棕褐色带纹。【卵】卵长圆形，呈墨绿色，表面具半透明纵脊。【幼虫】初龄幼虫体色呈黄绿色，头部圆形，呈褐色；2龄幼虫头部具1对角状突起，并逐龄增长；末龄幼虫头部角状突起呈棕红色，密布细毛，中部具2对交错的棘刺，末端分叉，虫体第2腹节、第4腹节和7腹节背部各具1对棘突簇。【蛹】蛹呈黄绿色，表面覆有白色蜡质，拟态叶，腹背部弧形，外缘具1列小突起。【寄主】寄主为榆科榆 *Ulmus pumila*（570页）、杭州榆 *Ulmus changii*、榔榆 *Ulmus parvifolia* 等。【分布】分布于我国华中区和西南区。

## 白斑迷蛱蝶
### *Mimathyma schrenckii* (Ménétriès)

1. 卵
2. 末龄幼虫
3. 越冬幼虫
4. 蛹

背 ♂ 腹

　　【成虫】大型蛱蝶，翅背面呈黑色，前翅中域外侧和亚顶角区域具许多白斑，后翅中域至前缘区域具1个大白斑；翅腹面银白色，后翅中域及外缘具黄褐色细带。【卵】卵长圆形，呈绿色，表面具纵脊；卵通常单产于寄主植物叶反面。【幼虫】末龄幼虫体色呈绿色，体表具黄绿色斜纹，第2腹节、第4腹节和第7腹节背部各具1对明显的棘突簇；头部顶端具1对角状突起，其末端呈橙黄色。越冬幼虫体色呈灰褐色，体表密布细毛，拟态树皮。【蛹】蛹呈绿色，表面覆有白色蜡质，拟态叶，腹背部外缘具1列小突起。【寄主】寄主为榆科大果榆 *Ulmus macrocarpa*（570页）。【分布】分布于我国华北区、东北区、华中区和西南区。

夜迷蛱蝶
*Mimathyma nycteis* (Ménétriés)

背 ♂ 腹

1.末龄幼虫　　2.越冬幼虫　　3.蛹

【成虫】中型蛱蝶，翅背面呈黑色，斑纹呈白色；前翅中室内具1条纤细的白斑；翅腹面呈黄褐色，斑纹呈银白色。【幼虫】末龄幼虫体色呈绿色，体表具黄绿色斜纹，第2腹节、第4腹节、第7腹节和第8腹节背部各具1对黄绿色棘突簇；头部角状突起呈淡红色。越冬幼虫体色呈棕褐色，背部棘突簇呈灰白色。【蛹】蛹呈绿色，表面覆有白色蜡质，拟态叶，腹背部圆弧状，外缘具1列小突起。【寄主】寄主为榆科春榆 *Ulmus davidiana*。【分布】分布于我国华北区和东北区。

## 柳紫闪蛱蝶
### *Apatura ilia* (Denis & Schiffermüller)

背 ♂ 腹

1.卵
2.幼虫（背面）
3.幼虫（侧面）
4.蛹（侧面）

　　【成虫】中型蛱蝶，翅底色呈黄色、褐色、黑褐色等，具白色或黄色斑带；前翅中室内具4个小黑点；雄蝶翅背面在特定角度下闪蓝色或紫色金属光泽。【卵】卵黄绿色，表面具明显的纵脊。【幼虫】末龄幼虫体色呈绿色，胸部背面具2条平行的黄色细纹，腹部侧面具数条黄色细斜纹，第4腹节背部具1对棘突簇；头部顶端具1对角状突起，其末端分叉并呈棕褐色。【蛹】蛹呈翠绿色，如同叶片状，头部顶端具1对小突起。【寄主】寄主为杨柳科垂柳 *Salix babylonica*（568页）、黄花柳 *Salix caprea*（568页）、旱柳 *Salix matsudana*（568页）、青杨 *Populus cathayana* 等。【分布】分布于我国东北区、华北区、华中区、西南区和华南区。

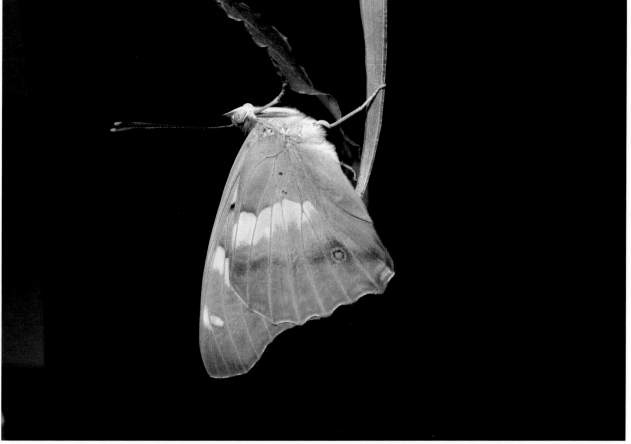

## 栗铠蛱蝶
### *Chitoria subcaerulea* (Leech)

1. 末龄幼虫（背面）
2. 末龄幼虫（侧面）
3. 蛹（背面）
4. 蛹（侧面）

背 ♂ 腹

　　【成虫】中型蛱蝶，雄蝶翅色呈黄色，外缘呈黑褐色，前翅中室端具黑斑，中域外侧具1个圆形黑斑，后翅近臀角处具1个小黑斑；雌蝶翅呈绿褐色，中域具白色斑带。【幼虫】末龄幼虫体色呈淡绿色，背部具许多小黄点，背部两侧具1条黄色纵线，气门下侧具1条黄白色纵线，腹部末端具1对尖突；头部呈淡黄色，具1对棘刺状突起。【蛹】蛹长条状，呈绿色，背部中央具1条黄色纵线，体侧具黄色斜纹，气孔呈黑色；头部顶端具1对尖突。【寄主】寄主植物为榆科珊瑚朴 *Celtis julianae* (571页) 等。【分布】分布于我国东北区和华中区。

## 白裳猫蛱蝶
### *Timelaea albescens* (Oberthür)

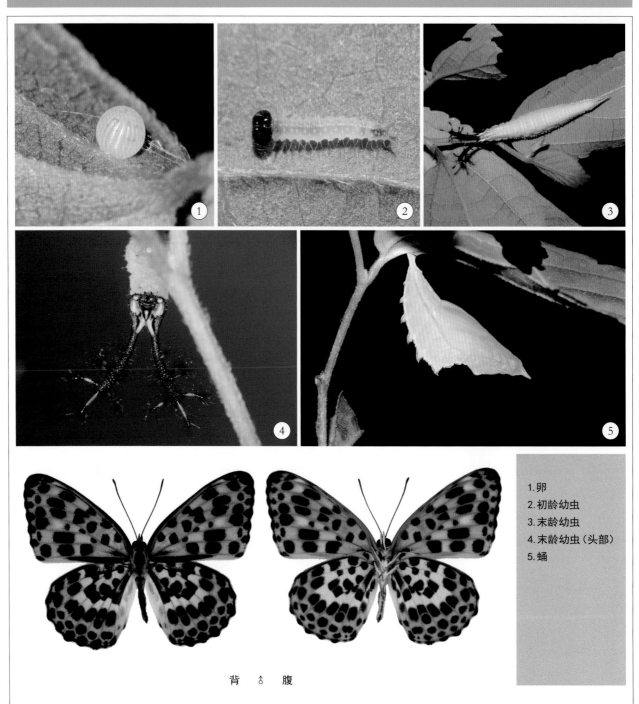

1.卵
2.初龄幼虫
3.末龄幼虫
4.末龄幼虫（头部）
5.蛹

背 ♂ 腹

　　【成虫】中小型蛱蝶，翅呈橙黄色，散布许多小黑斑，后翅中域区域呈白色。【卵】卵圆形，表面具纵脊，刚产下的卵呈白色，发育后显现出许多淡橙黄色斑点。【幼虫】初龄幼虫体色呈黄绿色，头部圆形，呈黑色。末龄幼虫蛞蝓型，身体中部膨大，体色呈黄绿色，气孔下侧具1条白色纵线，其上缘镶有褐色细纹；头部顶端具1对深褐色的角状突起，其端半部具许多棘突和细毛。【蛹】蛹呈翠绿色，腹部气孔处具1条深绿色纵带；蛹体较瘦长，腹部外缘具褐色的锯齿状突起，头部顶端具1对小尖突。【寄主】寄主为榆科多种朴属 *Celtis* 植物，并偏好幼苗。【分布】分布于我国华中区、华南区和西南区。

# 罗蛱蝶
## *Rohana parisatis* (Westwood)

背 ♀ 腹

背 ♂ 腹

1. 卵
2. 末龄幼虫
3. 蛹

【成虫】小型蛱蝶，雄蝶翅背面呈黑褐色，无明显斑纹；雌蝶呈棕褐色，具深褐色细纹，亚顶角具数个小白斑。【卵】卵近圆形，表面具明显的纵脊，卵发育后呈乳白色且表面显现有褐色小斑。【幼虫】末龄幼虫体较狭长，呈绿色，背部区域呈黄色；头部顶端具 1 对棘刺状突起，腹部末端具 1 对针状突起。【蛹】蛹翠绿色，胸背部和腹背部具片状隆起，背部中央具淡褐色细线；头部顶端具 1 对小尖突。【寄主】寄主为榆科黑弹树（小叶朴）*Celtis bungeana*（571 页）。【分布】分布于我国华南区和西南区。

## 黑脉蛱蝶
### *Hestina assimilis* (Linnaeus)

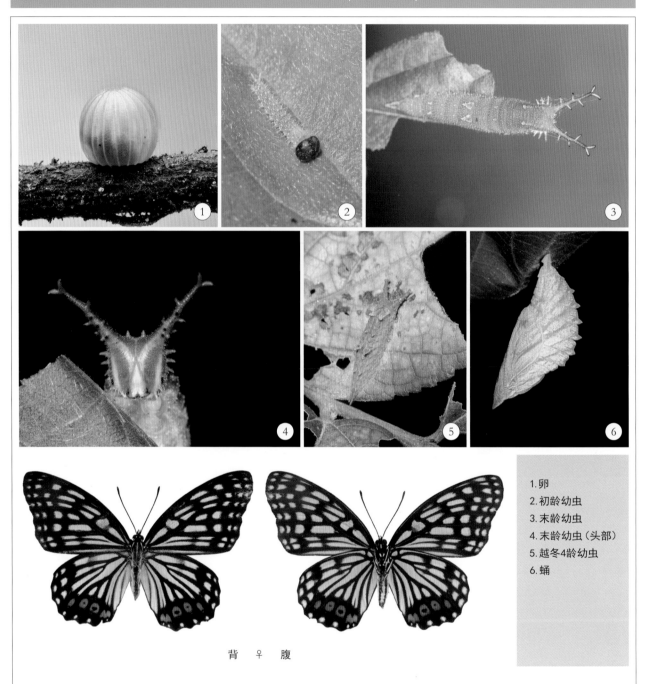

1. 卵
2. 初龄幼虫
3. 末龄幼虫
4. 末龄幼虫（头部）
5. 越冬4龄幼虫
6. 蛹

背 ♀ 腹

　　【成虫】中型蛱蝶，翅色呈淡黄色，翅脉呈黑色，后翅臀角处具红斑；部分低温型个体翅色呈淡绿色，翅面黑斑和红斑退化。【卵】卵圆形，呈绿色，表面具许多纵脊；散产于寄主植物叶面或者枝条上。【幼虫】初龄幼虫体色呈黄绿色，头部圆形并呈棕褐色；末龄幼虫体色呈绿色，中胸、第2腹节和第7腹节背部各具1对肉棘状小突起，第4腹节背部具1对较大突起，头部具1对末端分叉的角状突起。多以4龄幼虫越冬，体色呈褐色，且头部角状突起较小。【蛹】蛹如叶片状，呈淡绿色，体表覆有白色蜡质，腹背部外缘具1列小尖突。【寄主】寄主为榆科朴 *Celtis sinensis*（570页）、黑弹树（小叶朴）*Celtis bungeana*（571页）等。【分布】分布于我国东北区、华北区、华中区、华南区和西南区。

## 二尾蛱蝶
### *Polyura narcaeus* (Hewitson)

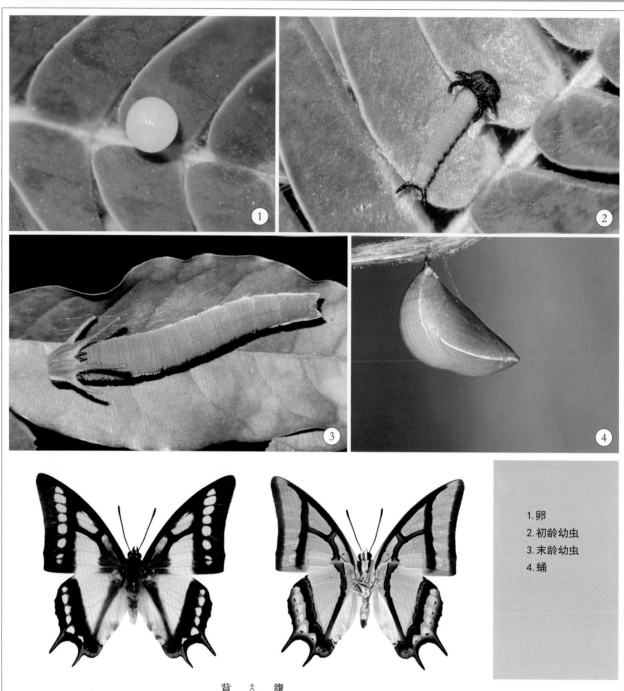

1.卵
2.初龄幼虫
3.末龄幼虫
4.蛹

背 ♂ 腹

　　【成虫】中大型蛱蝶，翅色呈淡绿色，外缘和亚外缘各具1条黑色斑带，后翅具2对尖锐尾突。【卵】卵圆形，顶部平截；刚产下的卵呈黄色，发育后会显现褐色环纹。【幼虫】初龄幼虫体色呈暗黄色，头部呈褐色，具4个角状突起；末龄幼虫呈绿色，体侧气孔下部具1条黄色纵线，头部及角状突起均呈绿色。【蛹】蛹呈翠绿色，体表光洁，背部近圆弧形，头部至翅缘具1条粉白色细带。【寄主】寄主为含羞草科合欢 *Albizia julibrissin*（560页）、山合欢 *Albizia kalkora*（561页）、蝶形花科黄檀 *Dalbergia hupeana*（565页）等。【分布】分布于我国东北区、华北区、华中区、西南区和华南区。

## 忘忧尾蛱蝶
### *Polyura nepenthes* (Grose-Smith)

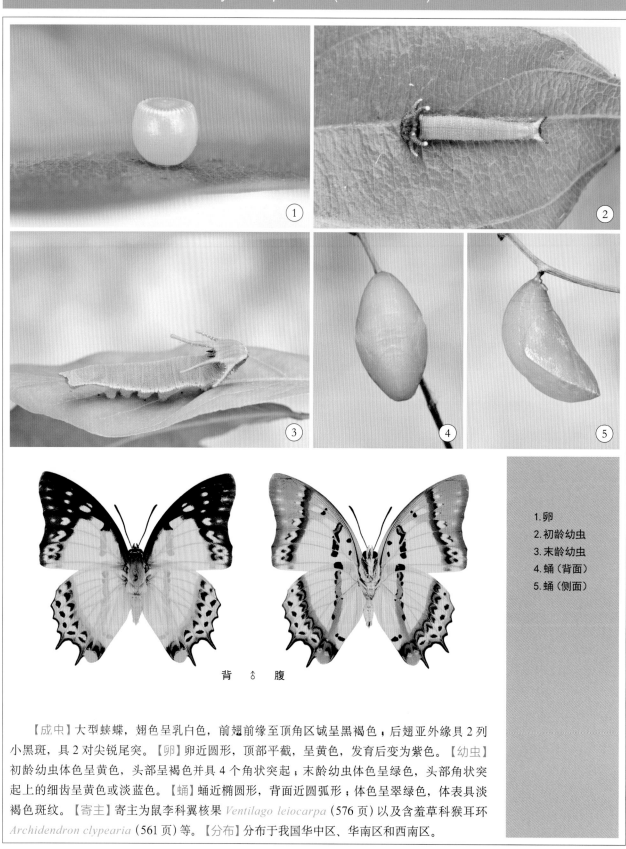

背 ♂ 腹

1.卵
2.初龄幼虫
3.末龄幼虫
4.蛹（背面）
5.蛹（侧面）

　　【成虫】大型蛱蝶，翅色呈乳白色，前翅前缘至顶角区域呈黑褐色，后翅亚外缘具2列小黑斑，具2对尖锐尾突。【卵】卵近圆形，顶部平截，呈黄色，发育后变为紫色。【幼虫】初龄幼虫体色呈黄色，头部呈褐色并具4个角状突起；末龄幼虫体色呈绿色，头部角状突起上的细齿呈黄色或淡蓝色。【蛹】蛹近椭圆形，背面近圆弧形；体色呈翠绿色，体表具淡褐色斑纹。【寄主】寄主为鼠李科翼核果 *Ventilago leiocarpa*（576页）以及含羞草科猴耳环 *Archidendron clypearia*（561页）等。【分布】分布于我国华中区、华南区和西南区。

## 白带螯蛱蝶
### *Charaxes bernardus* (Fabricius)

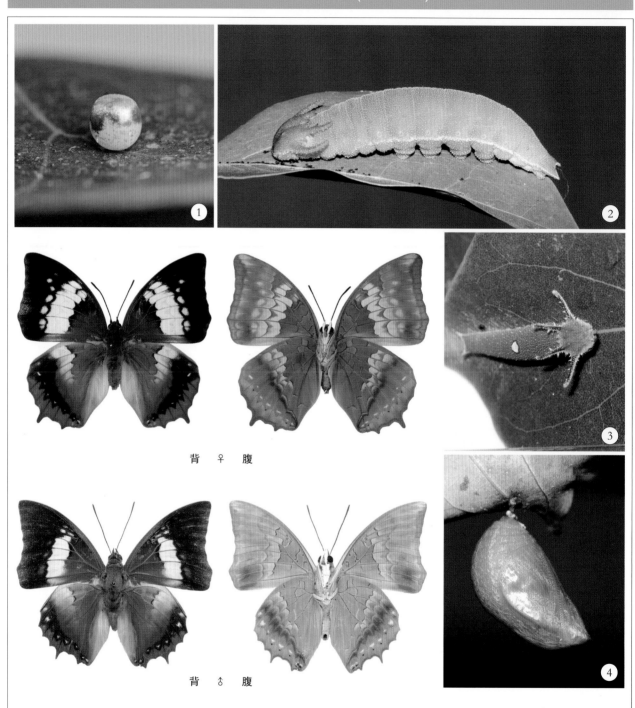

背 ♀ 腹

背 ♂ 腹

【成虫】大型蛱蝶，翅色呈橙黄色，前翅外缘以后翅亚外缘区域呈黑色；前翅中域具 1 条宽阔的白色或橙黄色斑带，后翅具 2 对较小尾突。【卵】卵圆形，顶部较平截，呈鲜黄色。【幼虫】幼虫体色呈绿色，末龄幼虫头部具 4 个棕褐色犄角，体背部具 1 个圆形斑。【蛹】蛹近椭圆形，呈绿色，具白色云状纹，气孔呈淡褐色。【寄主】寄主为樟科樟 *Cinnamomum camphora* (544 页)。【分布】广布于我国南方地区。

1. 卵
2. 末龄幼虫
3. 低龄幼虫（头部）
4. 蛹（侧面）

# 凤眼方环蝶
**Discophora sondaica** Boisduval

背 ♂ 腹

1.卵
2.低龄幼虫
3.末龄幼虫（背面）
4.末龄幼虫（侧面）
5.蛹（侧面）

　　【成虫】中大型蛱蝶，前翅顶角较尖；翅背面呈棕褐色，亚外缘具白斑列；翅腹面呈褐色，基半部区域颜色较深。【卵】卵扁圆形，呈黄白色，发育后具红色环纹；聚产于寄主植物叶面。【幼虫】低龄幼虫体色呈黑色，具白色环纹；末龄幼虫体色呈黑褐色，背部具黄褐色和白色斑纹及斑点，体表具灰白色长毛。【蛹】蛹呈翠绿色或淡褐色，翅区两侧具黄褐色细线，气孔呈淡黄褐色；头部顶端具细长尖突。【寄主】寄主为多种禾本科竹亚科植物。【分布】分布于我国华南区和西南区。

# 灰翅串珠环蝶
## *Faunis aerope* (Leech)

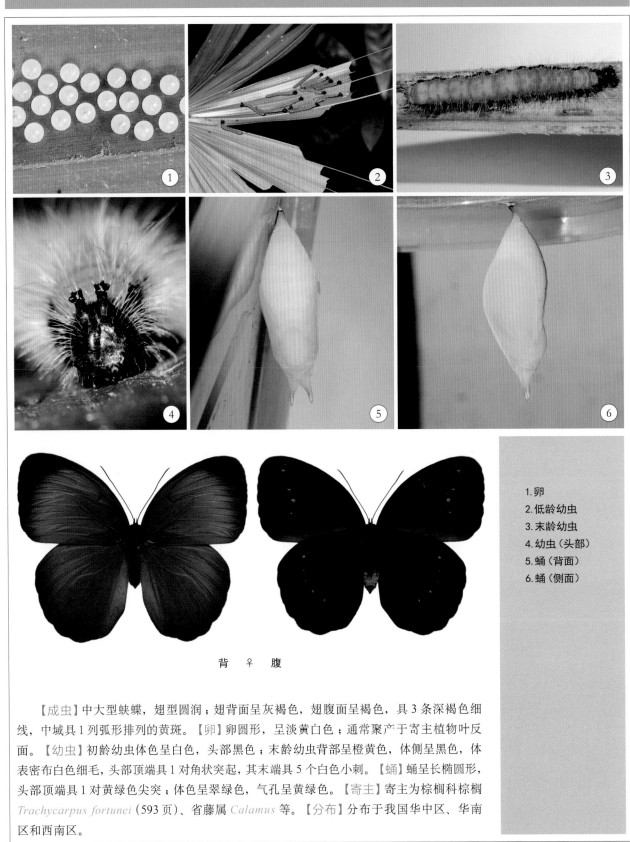

1. 卵
2. 低龄幼虫
3. 末龄幼虫
4. 幼虫（头部）
5. 蛹（背面）
6. 蛹（侧面）

背 ♀ 腹

　　【成虫】中大型蛱蝶，翅型圆润；翅背面呈灰褐色，翅腹面呈褐色，具3条深褐色细线，中域具1列弧形排列的黄斑。【卵】卵圆形，呈淡黄白色；通常聚产于寄主植物叶反面。【幼虫】初龄幼虫体色呈白色，头部黑色；末龄幼虫背部呈橙黄色，体侧呈黑色，体表密布白色细毛，头部顶端具1对角状突起，其末端具5个白色小刺。【蛹】蛹呈长椭圆形，头部顶端具1对黄绿色尖突；体色呈翠绿色，气孔呈黄绿色。【寄主】寄主为棕榈科棕榈 *Trachycarpus fortunei*（593页）、省藤属 *Calamus* 等。【分布】分布于我国华中区、华南区和西南区。

## 褐串珠环蝶
### *Faunis canens* Hübner

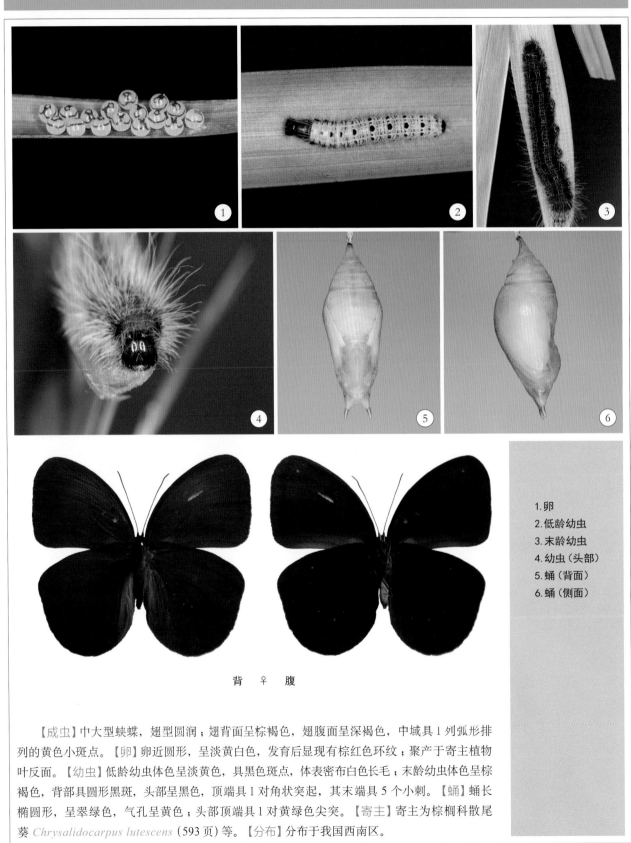

背 ♀ 腹

1. 卵
2. 低龄幼虫
3. 末龄幼虫
4. 幼虫（头部）
5. 蛹（背面）
6. 蛹（侧面）

　　【成虫】中大型蛱蝶，翅型圆润；翅背面呈棕褐色，翅腹面呈深褐色，中域具 1 列弧形排列的黄色小斑点。【卵】卵近圆形，呈淡黄白色，发育后显现有棕红色环纹；聚产于寄主植物叶反面。【幼虫】低龄幼虫体色呈淡黄色，具黑色斑点，体表密布白色长毛；末龄幼虫体色呈棕褐色，背部具圆形黑斑，头部呈黑色，顶端具 1 对角状突起，其末端具 5 个小刺。【蛹】蛹长椭圆形，呈翠绿色，气孔呈黄色；头部顶端具 1 对黄绿色尖突。【寄主】寄主为棕榈科散尾葵 *Chrysalidocarpus lutescens*（593 页）等。【分布】分布于我国西南区。

# 白斑眼蝶
## *Penthema adelma* (Felder & Felder)

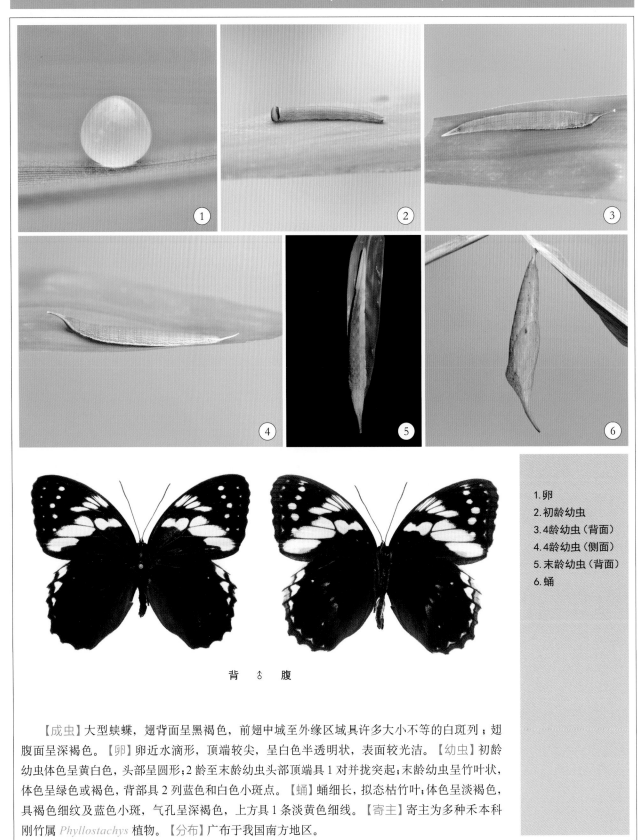

背 ♂ 腹

1. 卵
2. 初龄幼虫
3. 4龄幼虫（背面）
4. 4龄幼虫（侧面）
5. 末龄幼虫（背面）
6. 蛹

　　【成虫】大型蛱蝶，翅背面呈黑褐色，前翅中域至外缘区域具许多大小不等的白斑列；翅腹面呈深褐色。【卵】卵近水滴形，顶端较尖，呈白色半透明状，表面较光洁。【幼虫】初龄幼虫体色呈黄白色，头部呈圆形；2龄至末龄幼虫头部顶端具1对并拢突起；末龄幼虫呈竹叶状，体色呈绿色或褐色，背部具2列蓝色和白色小斑点。【蛹】蛹细长，拟态枯竹叶；体色呈淡褐色，具褐色细纹及蓝色小斑，气孔呈深褐色，上方具1条淡黄色细线。【寄主】寄主为多种禾本科刚竹属 *Phyllostachys* 植物。【分布】广布于我国南方地区。

## 丽莎斑眼蝶
### *Penthema lisarda* (Doubleday)

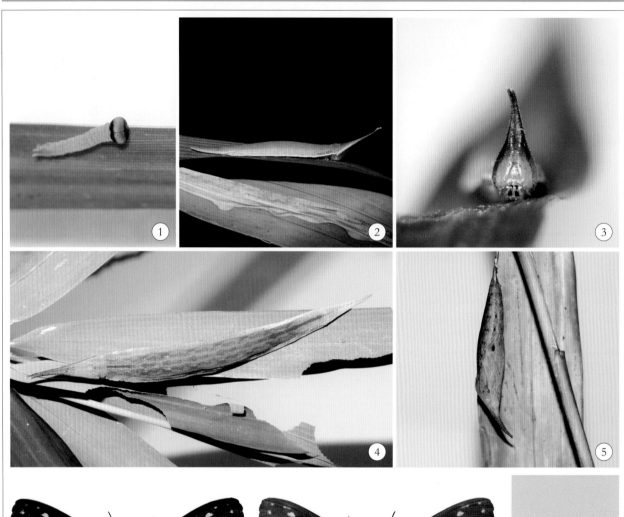

背 ♀ 腹

1. 初龄幼虫
2. 4龄幼虫
3. 4龄幼虫（头部）
4. 末龄幼虫
5. 蛹（侧面）

　　【成虫】大型蛱蝶，翅背面呈黑褐色，翅基部至中域具黄白色条状斑，亚外缘呈具1列黄白色小斑。【幼虫】初龄幼虫体色呈黄白色，头部圆形；4龄幼虫拟态竹叶，体色呈绿色，气孔下侧呈黄色，背部具蓝色和黄色小斑；末龄幼虫体色呈褐色，背部具深褐色纵线。【蛹】蛹细长，拟态枯竹叶；体色呈淡褐色，具褐色细纹及蓝色小斑。【寄主】寄主为禾本科竹亚科植物。【分布】分布于我国华南区和西南区。

## 翠袖锯眼蝶
### *Elymnias hypermnestra* (Linnaeus)

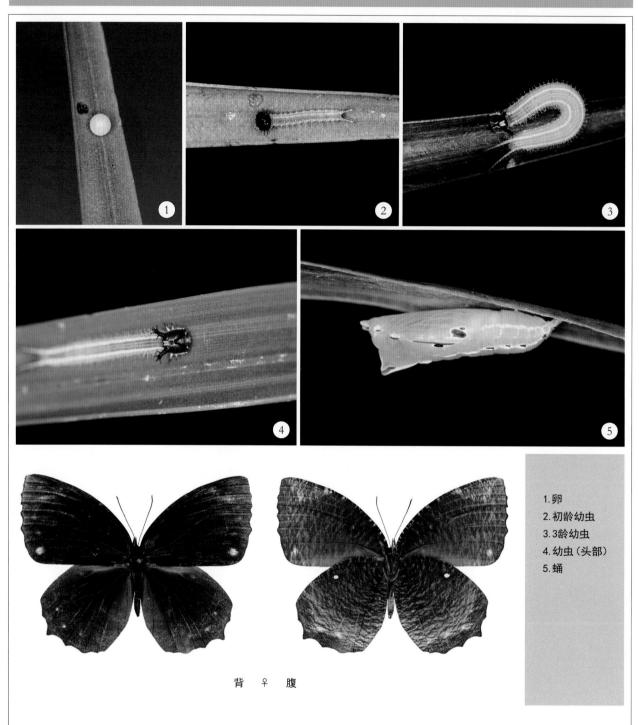

1.卵
2.初龄幼虫
3.3龄幼虫
4.幼虫（头部）
5.蛹

背 ♀ 腹

　　【成虫】中型蛱蝶,外缘波状;翅背面呈黑褐色,翅外缘具1列淡蓝色斑;翅腹面呈棕褐色,密布波状细纹。【卵】卵近圆形,呈鲜黄色,表面具细小刻纹。【幼虫】幼虫体色呈绿色,体表密布细毛,背部具粗细不等的黄色纵线;腹部末端具1对较长尖突,头部顶端具1对末端分叉突起。【蛹】蛹长圆形,前胸突起伸向前端;体色呈翠绿色,具黄色和红色带纹。【寄主】寄主为棕榈科棕竹 *Rhapis excels*（593页）、鱼尾葵 *Caryota maxima*（593页）和散尾葵 *Chrysalidocarpus lutescens*（593页）等。【分布】分布于我国华南区和西南区。

# 暮眼蝶
## *Melanitis leda* (Linnaeus)

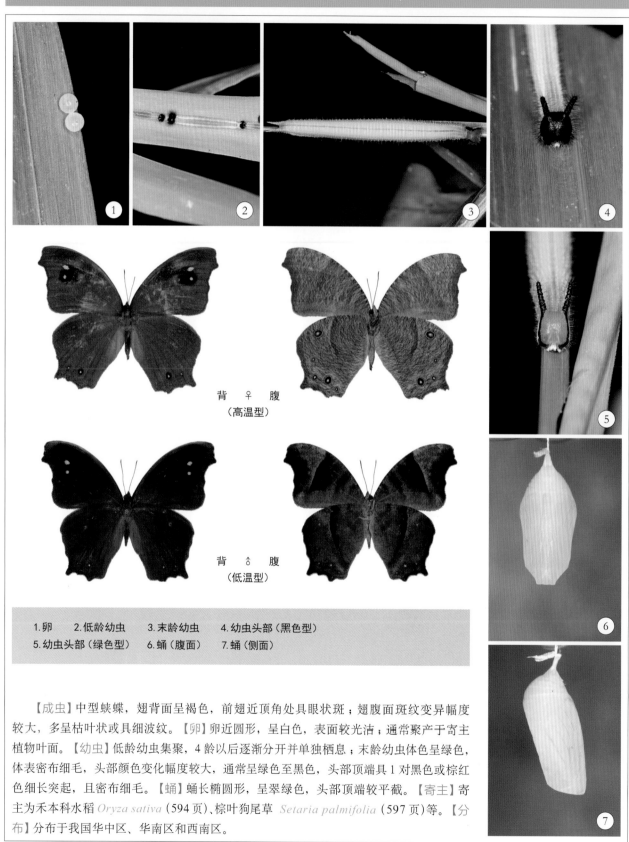

背 ♀ 腹
（高温型）

背 ♂ 腹
（低温型）

1.卵　　2.低龄幼虫　　3.末龄幼虫　　4.幼虫头部（黑色型）
5.幼虫头部（绿色型）　6.蛹（腹面）　　7.蛹（侧面）

　　【成虫】中型蛱蝶，翅背面呈褐色，前翅近顶角处具眼状斑；翅腹面斑纹变异幅度较大，多呈枯叶状或具细波纹。【卵】卵近圆形，呈白色，表面较光洁；通常聚产于寄主植物叶面。【幼虫】低龄幼虫集聚，4龄以后逐渐分开并单独栖息；末龄幼虫体色呈绿色，体表密布细毛，头部颜色变化幅度较大，通常呈绿色至黑色，头部顶端具1对黑色或棕红色细长突起，且密布细毛。【蛹】蛹长椭圆形，呈翠绿色，头部顶端较平截。【寄主】寄主为禾本科水稻 *Oryza sativa*（594页）、棕叶狗尾草 *Setaria palmifolia*（597页）等。【分布】分布于我国华中区、华南区和西南区。

## 紫线黛眼蝶
### *Lethe violaceopicta* (Poujade)

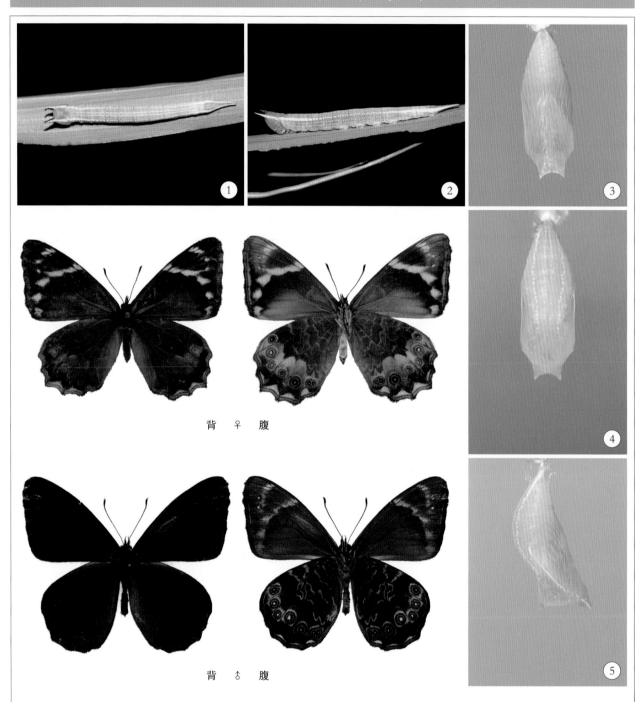

背 ♀ 腹

背 ♂ 腹

【成虫】中型蛱蝶，翅背面呈深褐色，雄蝶翅背面基本无斑，雌蝶前翅亚顶角区域具黄白色斜带；后翅腹面具灰紫色波状纹，亚外缘具 1 列眼斑。【幼虫】末龄幼虫体色呈淡绿色，背部中央具青绿色纵线，体侧具黄色线纹，腹部末端具 1 对并拢尖突；头部呈绿色，顶端具 1 对棕红色尖突。【蛹】蛹呈淡绿色，腹背部侧面具黄色细带，胸背部中央具尖锐突起；头部顶端具 1 对小突起。【寄主】寄主为多种禾本科竹亚科植物。【分布】分布于我国华中区、华南区、西南区。

1. 幼虫（背面）
2. 幼虫（侧面）
3. 蛹（腹面）
4. 蛹（背面）
5. 蛹（侧面）

# 连纹黛眼蝶
## *Lethe syrcis* (Hewitson)

1. 卵
2. 初龄幼虫
3. 末龄幼虫
4. 幼虫（头部）
5. 蛹

背 ♀ 腹

【成虫】中型蛱蝶，翅背面呈褐色，后翅亚外缘具 4 个深褐色圆斑；翅腹面呈黄褐色，后翅亚外缘具 1 列眼斑。【卵】卵扁圆形，呈淡绿色半透明状，表面较光洁。【幼虫】初龄幼虫腹部末端具 1 对并拢尖突；末龄幼虫体色呈黄绿色，头部顶端具 1 对尖锥状突起。【蛹】蛹呈淡绿色，翅区内侧边缘呈淡黄色，腹背部具 2 列黄色小斑；头部顶端具 1 对小尖突。【寄主】寄主为多种禾本科刚竹属 *Phyllostachys* 植物。【分布】广布于我国南方地区。

## 曲纹黛眼蝶
### *Lethe chandica* (Moore)

背 ♀ 腹

背 ♂ 腹

【成虫】中型蛱蝶，雌性异型，雄蝶翅背面呈黑色，雄蝶翅背面呈棕红色且前翅具1条白色斜带。【卵】卵圆形，淡绿色半透明状，表面光洁。【幼虫】初龄幼虫体色呈淡绿色，头部呈深褐色；末龄幼虫体色呈绿色，体背部中央具褐色锈斑，其外围具黄色斑纹，腹部末端具1对并拢尖突，头部呈绿色，顶端具1对细长突起。【蛹】蛹多呈淡褐色，具褐色细纹；胸背部中央呈突起状，头部顶端具1对小突起。【寄主】寄主为禾本科孝顺竹 *Bambusa multiplex* (598页)、毛竹 *Phyllostachys edulis* 等。【分布】广布于我国南方地区。

1. 卵
2. 初龄幼虫
3. 末龄幼虫
4. 蛹（侧面）

# 苔娜黛眼蝶
## *Lethe diana* (Butler)

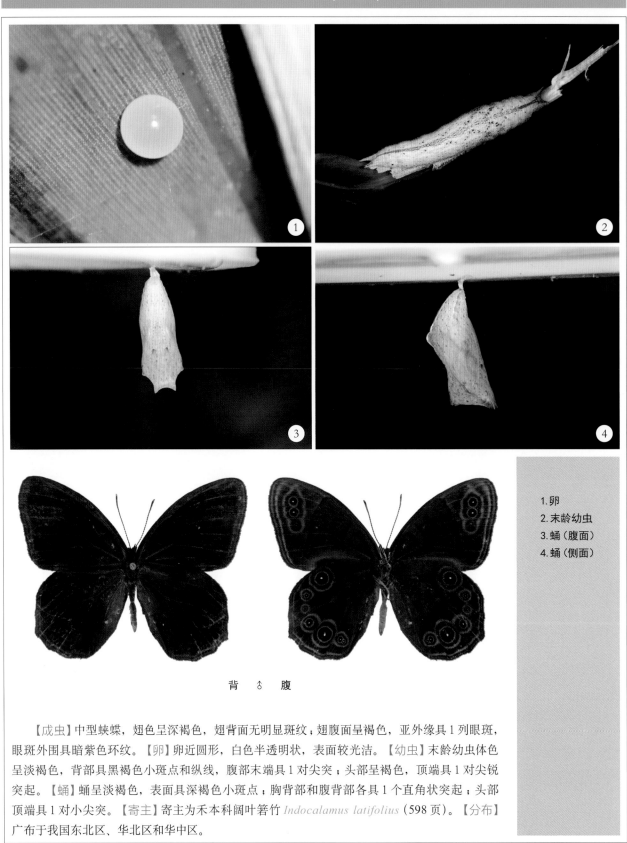

1. 卵
2. 末龄幼虫
3. 蛹（腹面）
4. 蛹（侧面）

背 ♂ 腹

　　【成虫】中型蛱蝶，翅色呈深褐色，翅背面无明显斑纹；翅腹面呈褐色，亚外缘具1列眼斑，眼斑外围具暗紫色环纹。【卵】卵近圆形，白色半透明状，表面较光洁。【幼虫】末龄幼虫体色呈淡褐色，背部具黑褐色小斑点和纵线，腹部末端具1对尖突；头部呈褐色，顶端具1对尖锐突起。【蛹】蛹呈淡褐色，表面具深褐色小斑点；胸背部和腹背部各具1个直角状突起；头部顶端具1对小尖突。【寄主】寄主为禾本科阔叶箬竹 *Indocalamus latifolius*（598页）。【分布】广布于我国东北区、华北区和华中区。

# 布莱荫眼蝶
*Neope bremeri* (Felder & Felder)

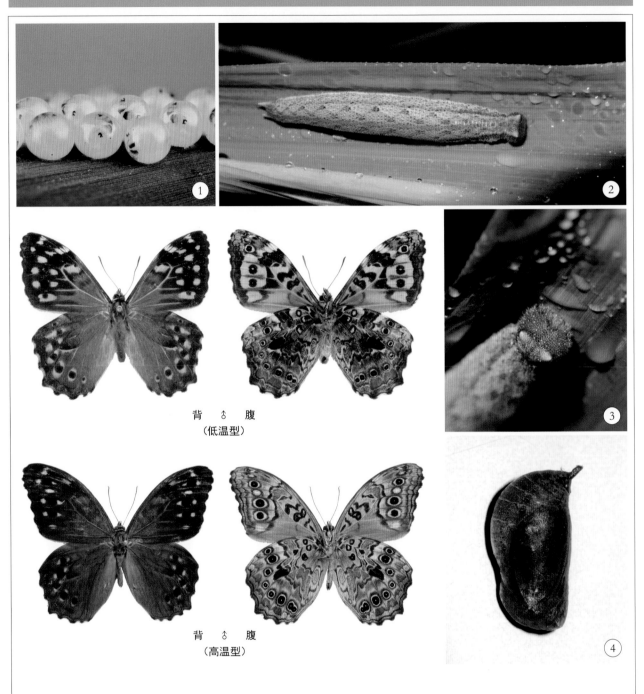

背 ♂ 腹
（低温型）

背 ♂ 腹
（高温型）

【成虫】中大型蛱蝶；高温型个体较大，翅色呈棕褐色，背面亚外缘具1列眼斑，翅腹面密布波纹及环纹；低温型个体较小，翅面呈黄褐色，前翅腹面中域呈黄色。【幼虫】末龄幼虫体色呈淡褐色，背部具深褐色斑纹及纵线，腹部末端具1对小尖突；头部呈棕色，顶端具1对黄色小突起。【蛹】蛹近椭圆形，腹背部圆润；体色呈褐色，密布深褐色细纹。【寄主】寄主为禾本科五节芒 *Miscanthus floridulus*（595页）以及多种刚竹属 *Phyuostachys* 植物等。【分布】广布于我国南方地区。

1. 卵
2. 末龄幼虫（背面）
3. 末龄幼虫（头部）
4. 蛹（侧面）

## 蒙链荫眼蝶
### *Neope muirheadii* (Felder & Felder)

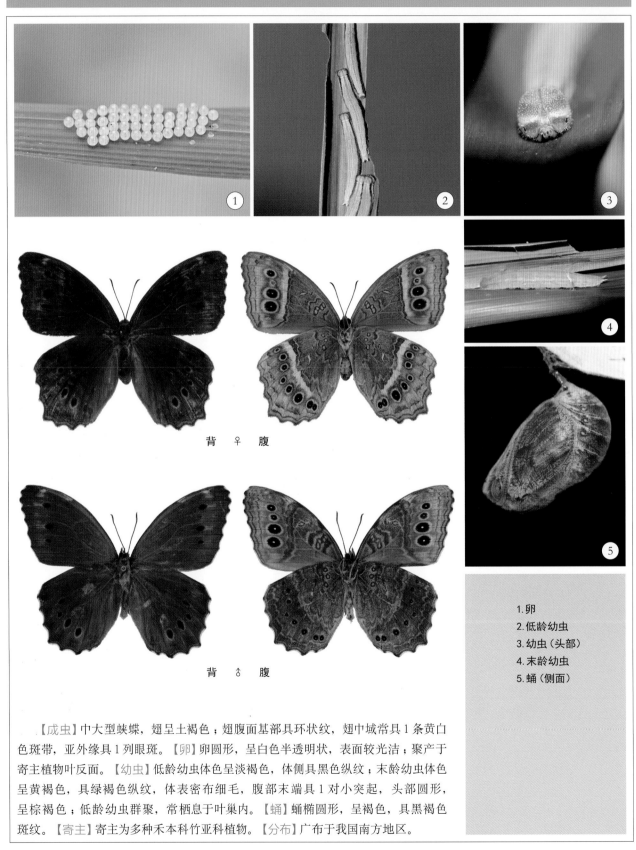

背 ♀ 腹

背 ♂ 腹

1. 卵
2. 低龄幼虫
3. 幼虫（头部）
4. 末龄幼虫
5. 蛹（侧面）

　　【成虫】中大型蛱蝶，翅呈土褐色；翅腹面基部具环状纹，翅中域常具1条黄白色斑带，亚外缘具1列眼斑。【卵】卵圆形，呈白色半透明状，表面较光洁，聚产于寄主植物叶反面。【幼虫】低龄幼虫体色呈淡褐色，体侧具黑色纵纹；末龄幼虫体色呈黄褐色，具绿褐色纵纹，体表密布细毛，腹部末端具1对小突起，头部圆形，呈棕褐色；低龄幼虫群聚，常栖息于叶巢内。【蛹】蛹椭圆形，呈褐色，具黑褐色斑纹。【寄主】寄主为多种禾本科竹亚科植物。【分布】广布于我国南方地区。

## 蛇眼蝶
### Minois dryas (Scopoli)

背 ♂ 腹

1. 卵
2. 幼虫
3. 越冬幼虫
4. 蛹

　　【成虫】中型蛱蝶，翅背面呈黑褐色，前翅中域具 2 个眼斑，后翅近臀角处具 1 个眼斑；翅腹面呈深褐色，后翅中域具 1 条曲折的灰白色斑带。【卵】卵近圆形，呈淡棕褐色，表面较光洁。【幼虫】幼虫体色呈淡褐色，具深褐色纵纹，腹部末端具 1 对小尖突；头部呈圆形，具 6 条平行的深褐色纵纹。【蛹】蛹近椭圆形，呈棕褐色。【寄主】寄主为禾本科早熟禾属 Poa、臭草属 Melica、披碱草属 Elymus、大油芒属 Spodiopogon 植物。【分布】分布于我国华北区、东北区、华中区和西南区。

## 多眼蝶
### *Kirinia epimenides* (Ménétriés)

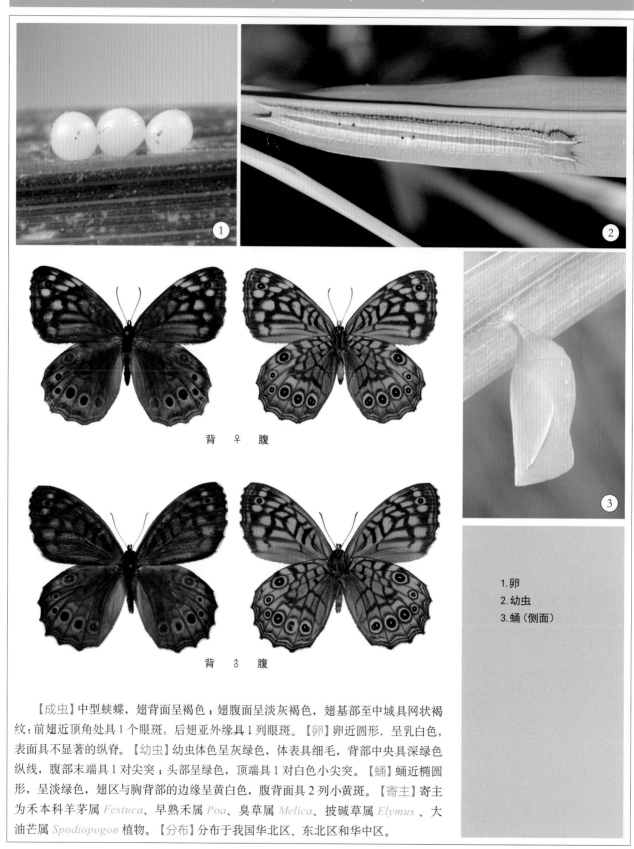

1. 卵
2. 幼虫
3. 蛹（侧面）

背 ♀ 腹

背 ♂ 腹

　　【成虫】中型蛱蝶，翅背面呈褐色；翅腹面呈淡灰褐色，翅基部至中域具网状褐纹；前翅近顶角处具 1 个眼斑，后翅亚外缘具 1 列眼斑。【卵】卵近圆形，呈乳白色，表面具不显著的纵脊。【幼虫】幼虫体色呈灰绿色，体表具细毛，背部中央具深绿色纵线，腹部末端具 1 对尖突；头部呈绿色，顶端具 1 对白色小尖突。【蛹】蛹近椭圆形，呈淡绿色，翅区与胸背部的边缘呈黄白色，腹背面具 2 列小黄斑。【寄主】寄主为禾本科羊茅属 *Festuca*、早熟禾属 *Poa*、臭草属 *Melica*、披碱草属 *Elymus*、大油芒属 *Spodiopogon* 植物。【分布】分布于我国华北区、东北区和华中区。

## 斗毛眼蝶
### *Lopinga deidamia* (Eversmann)

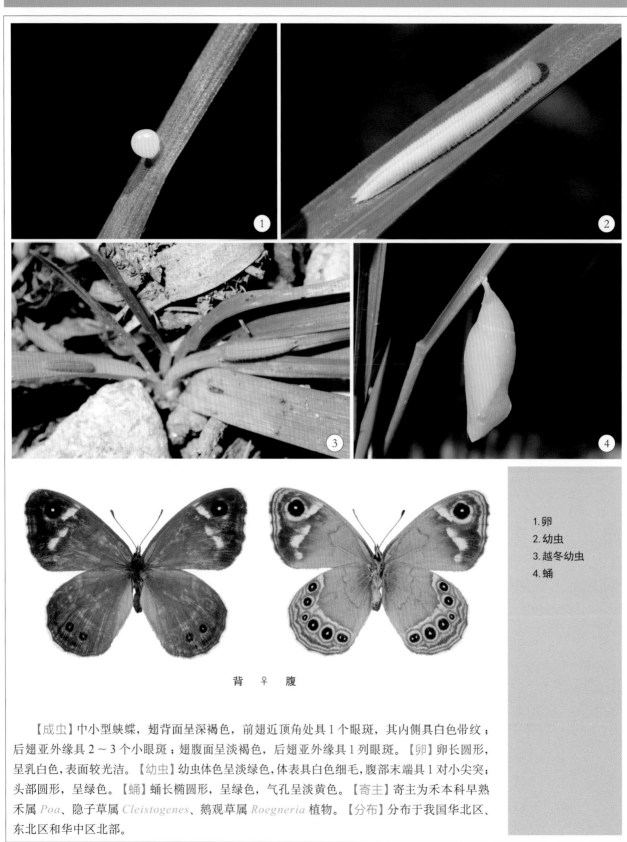

1.卵
2.幼虫
3.越冬幼虫
4.蛹

背 ♀ 腹

【成虫】中小型蛱蝶，翅背面呈深褐色，前翅近顶角处具1个眼斑，其内侧具白色带纹；后翅亚外缘具2～3个小眼斑；翅腹面呈淡褐色，后翅亚外缘具1列眼斑。【卵】卵长圆形，呈乳白色，表面较光洁。【幼虫】幼虫体色呈淡绿色，体表具白色细毛，腹部末端具1对小尖突；头部圆形，呈绿色。【蛹】蛹长椭圆形，呈绿色，气孔呈淡黄色。【寄主】寄主为禾本科早熟禾属 *Poa*、隐子草属 *Cleistogenes*、鹅观草属 *Roegneria* 植物。【分布】分布于我国华北区、东北区和华中区北部。

## 白眼蝶
*Melanargia epimede* Staudinger

背 ♀ 腹

1.卵
2.幼虫
3.越冬幼虫
4.蛹

　　【成虫】中小型蛱蝶，翅色呈白色，翅脉呈黑褐色，翅面具黑色斑纹；后翅腹面亚外缘具1列眼斑。【卵】卵馒头状，呈黄白色，中部侧面具纵脊。【幼虫】末龄幼虫体色呈黄绿色，体表密布短毛，背部中央具深绿色纵线，腹部末端具1对小尖突；头部圆形，呈棕褐色。越冬幼虫体色呈褐色。【蛹】蛹长椭圆形，呈淡褐色，布有褐色细纹；腹部区域呈淡棕褐色，具深褐色小点，气孔呈黑褐色。【寄主】寄主为多种禾本科以及莎草科薹草属 *Carex* 植物。【分布】分布于我国华北区和东北区。

## 蒙古酒眼蝶
### *Oeneis mongolica* (Oberthür)

背 ♀ 腹

背 ♂ 腹

1. 卵
2. 幼虫
3. 蛹（腹面）

【成虫】中小型蛱蝶，翅色呈淡橙褐色；前翅中域外侧具 2 个黑色眼斑，后翅亚外缘具 3～5 个小黑点；后翅腹面具大理石状波纹。【卵】卵长圆形，呈淡褐色，表面具显著的纵脊。【幼虫】末龄幼虫体色呈淡褐色，背部中央的黑色纵线呈断裂状，体侧具 2 列平行的深褐色纵纹，腹部末端具 1 对小尖突；头部圆形，呈棕褐色，具黑色纵带。【蛹】蛹近椭圆形，呈淡褐色。【寄主】寄主为禾本科针茅属 *Stipa* 以及莎草科薹草属 *Carex* 植物。【分布】分布于我国华北区和东北区。

# 贝眼蝶
*Boeberia parmenio* (Bober)

背 ♂ 腹

1. 卵
2. 幼虫
3. 越冬幼虫
4. 蛹

　　【成虫】中型蛱蝶，翅背面呈褐色，亚外缘具1列黑色眼斑；后翅腹面翅脉呈灰白色，亚外缘具1列眼斑。【卵】卵近圆形，呈淡粉色。【幼虫】幼虫体色呈灰褐色，体表密布褐色细毛，背部中央具1条黑褐色纵线，体侧具1条淡褐色细线；头部圆形，呈黑褐色并密布细毛。【蛹】蛹椭圆形，呈淡褐色，其中腹部区域颜色略深。【寄主】寄主为旱地里生长的多种莎草科薹草属 *Carex* 植物。【分布】分布于我国华北区和东北区。

## 稻眉眼蝶
### *Mycalesis gotama* Moore

1.卵
2.末龄幼虫
3.幼虫（头部）
4.蛹

背　♀　腹

　　【成虫】中小型蛱蝶，翅呈褐色，前翅背面具2个大小不等的眼斑；翅腹面外缘至亚外缘区具3条平行的深褐色细线，其中最内侧的1条较远离外侧的2条。【卵】卵长圆形，呈白色至淡绿色，表面具细小刻纹；卵单产或数个聚产。【幼虫】末龄幼虫体色呈黄绿色，体表具数条绿色或黄色纵线，腹部末端具1对黄色尖突；头部呈淡褐色，具黑褐色斑纹，顶端具1对小尖突。【蛹】蛹绿色，头胸部平截，腹背部呈圆弧状，具2列黄色小斑。【寄主】寄主为禾本科芒 *Miscanthus sinesis*（595页）、稗 *Echinochloa crusgalli*（596页），莎草科签草 *Carex doniana* 以及马唐属 *Digitaria*（597页）等植物。【分布】分布于我国华中区、华南区和西南区。

## 上海眉眼蝶
### *Mycalesis sangaica* Butler

1.卵
2.初龄（幼虫）
3.4龄幼虫（背面）
4.4龄幼虫（侧面）
5.幼虫（头部）
6.蛹

背　♂　腹

　　【成虫】小型蛱蝶，翅背面呈深褐色，前翅中域外侧具1个眼斑；翅腹面呈褐色，基部区域具褐色波纹，中域具1条灰白色斑带，亚外缘具1列眼斑。【卵】卵近圆形，呈白色半透明状，表面较为光洁。【幼虫】初龄幼虫体色呈淡绿色，头部和腹部末端呈暗红色；末龄幼虫体色呈淡黄褐色，具褐色斑纹，气孔呈褐色，腹部末端具1对尖突，头部呈褐色，顶端具1对黄白色小突起。【蛹】蛹呈褐色，翅区呈黑褐色，腹背部较圆润。【寄主】寄主为禾本科求米草属 *Oplismenus*（597页）植物。【分布】分布于我国华中区、华南区和西南区。

## 拟稻眉眼蝶
### *Mycalesis francisca* (Stoll)

1. 卵
2. 幼虫
3. 越冬幼虫
4. 蛹

背 ♂ 腹

【成虫】中小型蛱蝶，翅背面呈深褐色，前翅中域外侧具1个黑色眼斑；翅腹面基部至中域呈深褐色，外侧具蓝灰色斑带。【卵】卵圆形，呈白色半透明状，表面具细小刻纹。【幼虫】幼虫体色呈褐色，体两侧具深褐色斜纹，腹部末端具1对小尖突；头部呈黑色，具深褐色斑纹，顶端具1对小突起。越冬状态的幼虫体色较深。【蛹】蛹近椭圆形，呈淡绿色或淡褐色，腹背部具2列白色小圆斑。【寄主】寄主为禾本科莠竹属柔枝莠竹 *Microstegium vimineum* 以及求米草属 *Oplismenus*（597页）等植物。【分布】分布于我国华北区、东北区、华中区、华南区和西南区。

## 卓矍眼蝶
*Ypthima zodia* Butler

背 ♂ 腹
（低温型）

背 ♂ 腹
（高温型）

1.卵　2.初龄幼虫　3.末龄幼虫（背面）
4.末龄幼虫（侧面）　5.蛹（侧面）　6.蛹（背面）

【成虫】小型蛱蝶，翅背面呈深褐色，前翅近顶角处具1个眼斑，后翅近臀角处具2个眼斑；翅腹面呈灰白色，密布褐色细波纹，亚外缘具6个眼斑；低温型个体后翅腹面中域具褐色斑带，亚外缘的眼斑较小。【卵】卵近圆形，上半部略窄，呈淡蓝绿色，表面具细小刻纹。【幼虫】初龄幼虫体色呈淡粉色，头部呈淡褐色；末龄幼虫体色呈淡褐色，背线呈淡灰色，其外侧具1列黑斑，体侧具数条褐色纵线，气孔呈黑色，头部顶端具1对小突起。【蛹】蛹呈淡褐色，具褐色斑纹；头胸部较平截，腹背面中域具2条横向脊突。【寄主】寄主为多种禾本科植物。【分布】分布于我国华北区、东北区和华中区。

## 侧斑矍眼蝶
### *Ypthima parasakra* Eliot

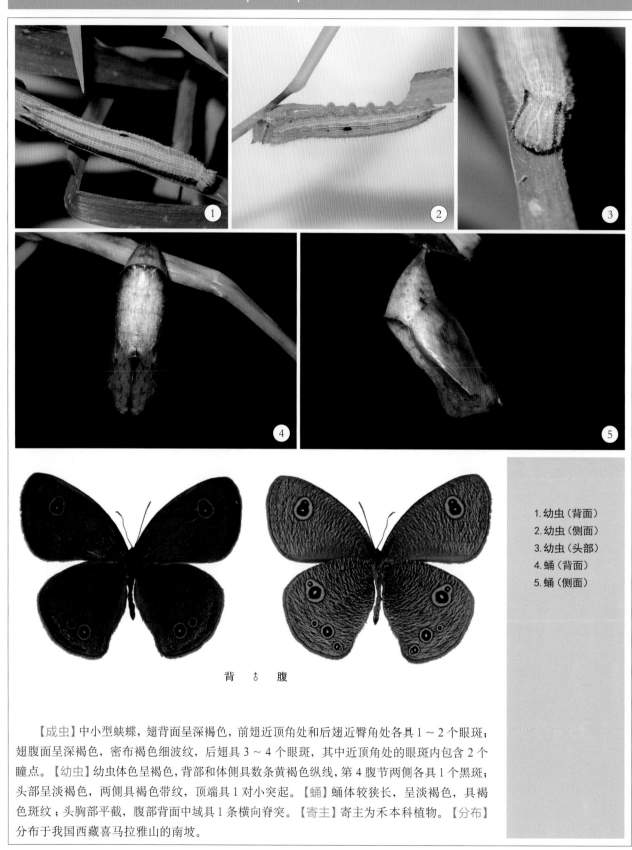

背 ♂ 腹

1.幼虫（背面）
2.幼虫（侧面）
3.幼虫（头部）
4.蛹（背面）
5.蛹（侧面）

　　【成虫】中小型蛱蝶，翅背面呈深褐色，前翅近顶角处和后翅近臀角处各具 1～2 个眼斑；翅腹面呈深褐色，密布褐色细波纹，后翅具 3～4 个眼斑，其中近顶角处的眼斑内包含 2 个瞳点。【幼虫】幼虫体色呈褐色，背部和体侧具数条黄褐色纵线，第 4 腹节两侧各具 1 个黑斑；头部呈淡褐色，两侧具褐色带纹，顶端具 1 对小突起。【蛹】蛹体较狭长，呈淡褐色，具褐色斑纹；头胸部平截，腹部背面中域具 1 条横向脊突。【寄主】寄主为禾本科植物。【分布】分布于我国西藏喜马拉雅山的南坡。

## 大波矍眼蝶
*Ypthima tappana* Matsumura

背 ♀ 腹

【成虫】中小型蛱蝶，翅背面呈深褐色，前翅近顶角具 1 个眼斑，后翅近臀角处具 2 个较大眼斑；翅腹面呈淡褐色，密布褐色细波纹，后翅具 4 个眼斑。【卵】卵近圆形，呈淡绿色，表面密布微小刻纹。【幼虫】初龄幼虫体色近白色；2 龄幼虫体色呈淡绿色，体表具数条白色纵线；末龄幼虫体色呈淡黄褐色，体表具许多褐色纵线，气孔呈黑色，头部顶端具 1 对小尖突。【蛹】蛹呈褐色，具灰白色、黑色和淡褐色斑纹；腹背面中域具 2 条横向脊突，头部顶端具 1 对小尖突。【寄主】寄主为禾本科求米草属 *Oplismenus*（597 页）植物。【分布】分布于我国华中区、华南区和西南区。

1. 卵
2. 初龄幼虫
3. 2龄幼虫
4. 末龄幼虫
5. 幼虫（头部）
6. 蛹（背面）
7. 蛹（侧面）

## 密纹矍眼蝶
### *Ypthima multistriata* Butler

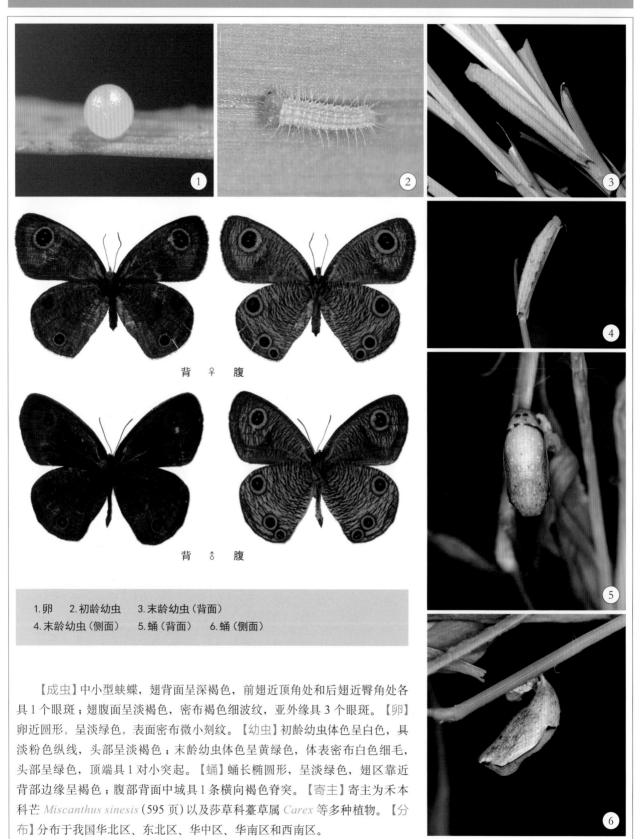

背 ♀ 腹

背 ♂ 腹

1.卵　2.初龄幼虫　3.末龄幼虫（背面）
4.末龄幼虫（侧面）　5.蛹（背面）　6.蛹（侧面）

　　【成虫】中小型蛱蝶，翅背面呈深褐色，前翅近顶角处和后翅近臀角处各具1个眼斑；翅腹面呈淡褐色，密布褐色细波纹，亚外缘具3个眼斑。【卵】卵近圆形，呈淡绿色，表面密布微小刻纹。【幼虫】初龄幼虫体色呈白色，具淡粉色纵线，头部呈淡褐色；末龄幼虫体色呈黄绿色，体表密布白色细毛，头部呈绿色，顶端具1对小突起。【蛹】蛹长椭圆形，呈淡绿色，翅区靠近背部边缘呈褐色；腹部背面中域具1条横向褐色脊突。【寄主】寄主为禾本科芒 *Miscanthus sinesis*（595页）以及莎草科薹草属 *Carex* 等多种植物。【分布】分布于我国华北区、东北区、华中区、华南区和西南区。

英雄珍眼蝶
*Coenonympha hero* (Linnaeus)

背 ♀ 腹

1.卵　　2.幼虫　　3.蛹

【成虫】小型蛱蝶；翅背面呈褐色，前翅顶角和后翅亚外缘区域具眼斑；翅腹面呈淡褐色，中域外侧具1条白色宽带，亚外缘具1列眼斑，外缘具银色和橙色细线。【卵】卵馒头形，呈翠绿色，表面具纵脊。【幼虫】幼虫体色呈绿色，背部具4条黄色细线，气孔呈淡褐色，腹部末端具1对淡黄色小尖突；头部圆形，呈绿色。【蛹】蛹长椭圆形，呈淡绿色，头胸部、翅区及腹部末端具褐色弧纹。【寄主】寄主为莎草科薹草属 *Carex* 植物。【分布】分布于我国华北区和东北区。

# 牧女珍眼蝶
*Coenonympha amaryllis* (Stoll)

背 ♂ 腹

1.卵　　2.幼虫　　3.蛹（侧面）

【成虫】小型蛱蝶；翅背面呈淡橙褐色，后翅腹面呈灰褐色，亚外缘具1列眼斑。【卵】卵馒头形，呈黄白色，表面具纵纹并布有橙褐色小斑点。【幼虫】幼虫体色呈黄绿色，背部具数条绿色纵线，气孔呈淡褐色，其下侧具1条黄色纵线；腹部末端具1对棕红色小尖突；头部圆形，呈绿色。【蛹】蛹呈长椭圆形，呈淡绿色，表面具黄绿色颗粒状斑点，翅区及胸背部边缘区域呈黄白色。【寄主】寄主为莎草科薹草属 *Carex* 植物。【分布】分布于我国华北区和东北区。

## 阿娜艳眼蝶
### *Callerebia annada* (Moore)

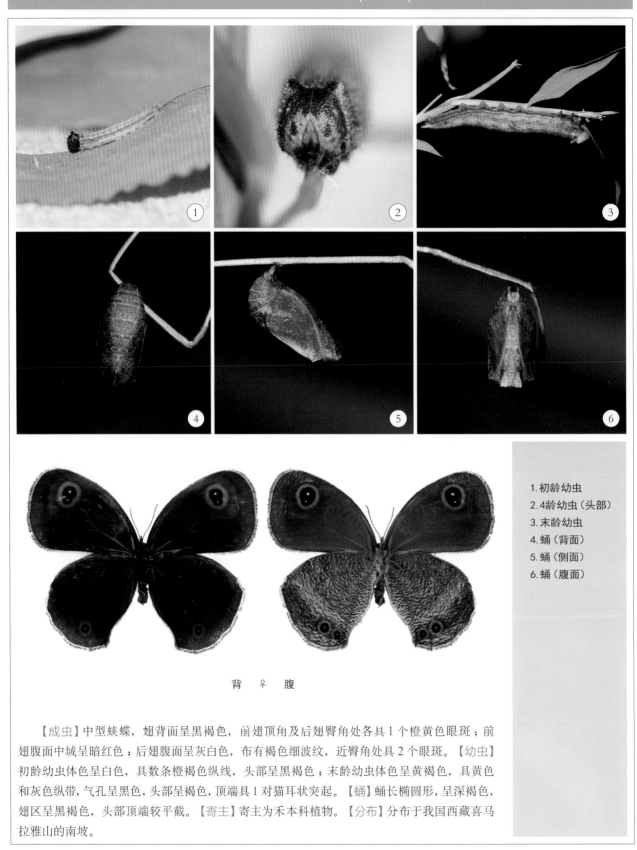

背 ♀ 腹

1. 初龄幼虫
2. 4龄幼虫（头部）
3. 末龄幼虫
4. 蛹（背面）
5. 蛹（侧面）
6. 蛹（腹面）

【成虫】中型蛱蝶，翅背面呈黑褐色，前翅顶角及后翅臀角处各具1个橙黄色眼斑；前翅腹面中域呈暗红色；后翅腹面呈灰白色，布有褐色细波纹，近臀角处具2个眼斑。【幼虫】初龄幼虫体色呈白色，具数条橙褐色纵线，头部呈黑褐色；末龄幼虫体色呈黄褐色，具黄色和灰色纵带，气孔呈黑色，头部呈褐色，顶端具1对猫耳状突起。【蛹】蛹长椭圆形，呈深褐色，翅区呈黑褐色，头部顶端较平截。【寄主】寄主为禾本科植物。【分布】分布于我国西藏喜马拉雅山的南坡。

# 寄主植物
## H O S T P L A N T S

　　蝴蝶的卵多产于寄主植物植株上，大部分的蝴蝶幼虫以植物叶、花、果、茎等部位为食，相当部分的蝶蛹也会悬挂或固着在寄主植物上。不仅如此，各个蝴蝶类群对寄主植物具有一定偏好性，如禾本科植物往往是弄蝶亚科或眼蝶亚科蝶类的主要寄主类群，马兜铃科植物则是凤蝶科下裳凤蝶族成员的寄主。因此，寄主植物的识别是记录蝴蝶生活史中的重中之重，不仅要通过查阅植物分类相关的文献来辨识寄主植物的种类，也要了解植物分类系统，有助于在蝴蝶饲养过程中选择合适的替代植物。

　　本书的寄主植物中，被子植物部分采用哈钦松系统，植物学名基本采用自 *Flore of China*。

苏铁科 Cycadaceae

木兰科 Magnoliaceae

苏铁 *Cycas revolute*

鹅掌楸（马褂木）*Liriodendron chinensis*

木兰科 Magnoliaceae

深山含笑 *Michelia maudiae*

白兰花 *Michelia alba*

广玉兰 *Magnolia grandiflora*

番荔枝科 Annonaceae

假鹰爪 *Desmos chinensis*

紫玉盘 *Uvaria macrophylla*

瓜馥木 *Fissistigma oldhamii*

樟科 Lauraceae

檫木 *Sassafrsa tzumu*

樟 *Cinnamomum camphora*

阴香 *Cinnamomum burmannii*

山檀 *Lindera reflexa*

樟科 Lauraceae

山鸡椒 *Litsea cubeba*

潺槁 *Litsea glutinosa*

乌药 *Lindera aggregate*

鸭公树 *Neolitsea chui*

红楠 *Machilus thunbergii*

莲叶桐科 Hernandiaceae

红花青藤 Illigera rhodantha

小檗科 Berberidaceae

细叶小檗 Berberis poiretii

黄芦木 Berberis amurensis

马兜铃科 Aristolochiaceae

杜衡 *Asarum forbesii*

宝兴马兜铃 *Aristolochia moupinensis*

管花马兜铃 *Aristolochia tubiflora*

西藏马兜铃 *Aristolochia griffithii*

马兜铃科 Aristolochiaceae

马兜铃 *Aristolochia debilis*

卵叶马兜铃 *Aristolochia ovatifolia*

昆明马兜铃 *Aristolochia kunmingensis*

广防己 *Aristolochia fangchi*

十字花科 Cruciferae

碎米荠 *Cardamine hirsute*

弹裂碎米荠 *Cardamine impatiens*

弯曲碎米荠 *Cardamine flexuosa*

蔊菜 *Rorippa indica*

欧洲油菜 *Brassica napus*

十字花科 Cruciferae

青菜 *Brassica rapa*

臭独行菜 *Lepidium didymum*

二月兰 *Orychophragmus violaceus*

北美独行菜 *Lepidium virginicum*

## 堇菜科 Violaceae

紫花地丁 *Viola philippica*

犁头草 *Viola japonica*

早开堇菜 *Viola prionantha*

三色堇 *Viola tricolor*

景天科 Crassulaceae

瓦松 *Orostachys fimbriatus*

垂盆草 *Sedum sarmentosum*

小丛红景天 *Rhodiola dumulosa*

蓼科 Polygonaceae

羊蹄 Rumex japonicas

巴天酸模 Rumex patientia

野荞麦 Fagopyrum dibotrys

火炭母 Polygonum chinense

苋科 Amaranthaceae

牛膝 *Achyranthes bidentata*

酢浆草科 Oxalidaceae

酢浆草 *Oxalis corniculata*

山茶科 Theaceae

木荷 *Schima superba*

金虎尾科 Malpighiaceae

风筝果 *Hiptage benghalensis*

大戟科 Euphorbiaceae

石岩枫 *Mallotus repandus*

毛桐 *Mallotus barbatus*

蓖麻 *Ricinus communis*

蔷薇科 Rosaceae

粗叶悬钩子 *Rubus alceifolius*

高粱泡 *Rubus lambertianus*

山莓 *Rubus corchorifolius*

枇杷 *Eriobotrya japonica*

木莓 *Rubus swinhoei*

薔薇科 Rosaceae

台灣枇杷 *Eriobotrya deflexa*

灰栒子 *Cotoneaster acutifolius*

桃 *Prunus persica*

梅 *Prunus mume*

蔷薇科 Rosaceae

山杏 *Prunus sibirica*

稠李 *Padus avium*

短梗稠李 *Padus brachypoda*

蔷薇科 Rosaceae

李属 *Prunus* sp.

山荆子 *Malus baccata*

中华绣线菊 *Spiraea chinensis*

蔷薇科 Rosaceae

三桠绣线菊 *Spiraea trilobata*

土庄绣线菊 *Spiraea pubescens*

龙牙草 *Agrimonia pilosa*

含羞草科 Mimosaceae

合欢 *Albizia julibrissin*

含羞草科 Mimosaceae

山合欢 *Albizia kalkora*

藤金合欢 *Acacia concinna*

猴耳环 *Archidendron clypearia*

苏木科（云实科）Caesalpiniaceae

腊肠树 Cassia fistula

黄槐决明 Cassia surattensis

望江南 Cassia occidentalis

合萌 Aeschynomene indica

龙须藤 Bauhinia championi

蝶形花科 Papilionaceae

扁豆 Lablab purpureus

赤豆 Vigna angularis

小巢菜 Vicia hirsute

田菁 Sesbania cannabina

蝶形花科 Papilionaceae

白车轴草 *Trifolium repens*

网络鸡血藤 *Callerya reticulata*

香花鸡血藤 *Callerya dielsiana*

日本胡枝子 *Lespedeza thunbergii*

蝶形花科 Papilionaceae

宽叶胡枝子 *Lespedeza maximowiczii*

黄檀 *Dalbergia hupeana*

香港黄檀 *Dalbergia millettii*

蝶形花科 Papilionaceae

紫藤 *Wisteria sinensis*

葛 *Pueraria montana*

截叶铁扫帚 *Lespedeza cuneata*

河北木蓝（马棘）*Indigofera bungeana*

蝶形花科 Papilionaceae

华东木蓝 Indigofera fortunei

长柄山蚂蝗 Podocarpium podocarpum

米口袋 Gueldenstaedtia verna

草木犀 Melilotus officinalis

蝶形花科 Papilionaceae

紫花苜蓿 *Medicago sativa*

杨柳科 Salicaceae

垂柳 *Salix babylonica*

旱柳 *Salix matsudana*

黄花柳 *Salix caprea*

## 桦木科 Betulaceae

昌化鹅耳枥 Carpinus tschonoskii

榛 Corylus heterophylla

## 壳斗科 Fagaceae

青冈 Cyclobalanopsis glauca

壳斗科 Fagaceae

蒙古栎 *Quercus mongolica*

橿子栎 *Quercus baronii*

榆科 Ulmaceae

榆 *Ulmus pumila*

朴 *Celtis sinensis*

大果榆 *Ulmus macrocarpa*

榆科　Ulmaceae

天目朴 *Celtis chekiangensis*

黑弹树（小叶朴）*Celtis bungeana*

珊瑚朴 *Celtis julianae*

紫弹朴 *Celtis biondii*

桑科 Moraceae

鸡桑 *Morus australis*

荨麻科 Urticaceae

苎麻 *Boehmeria nivea*

荨麻科 Urticaceae

序叶苎麻 *Boehmeria clidemioides* var. *diffusa*

赤车属 *Pellionia* sp.

野线麻 *Boehmeria japonica*

荨麻科 Urticaceae

异株荨麻 Urtica dioica

长柄冷水花 Pilea angulata

糯米团 Gonostegia hirta

大麻科 Cannabaceae

葎草 *Humulus scandens*

茶茱萸科 Icacinaceae

定心藤 *Mappianthus iodoies*

桑寄生科 Loranthaceae

桑寄生 *Taxillus sutchuenensis*

扁枝槲寄生 *Viscum articulatum*

檀香科 Santalaceae

寄生藤 *Dendrotrophe varians*

鼠李科 Rhamnaceae

冻绿 *Rhamnus utilis*

锐齿鼠李 *Rhamnus arguta*

圆叶鼠李 *Rhamnus globosa*

山鼠李 *Rhamnus wilsonii*

翼核果 *Ventilago leiocarpa*

芸香科 Rutaceae

竹叶花椒 *Zanthoxylum armatum*

花椒 *Zanthoxylum bungeanum*

椿叶花椒（食茱萸）*Zanthoxylum ailanthoides*

青花椒 *Zanthoxylum schinifolium*

野花椒 *Zanthoxylum simulans*

芸香科 Rutaceae

花椒簕 *Zanthoxylum scandens*

吴茱萸 *Tetradium ruticarpum*

楝叶吴茱萸 *Tetradium glabrifolium*

芸香科 Rutaceae

川黄檗 *Phellodendron chinense*

柚 *Citrus maxima*

香橼 *Citrus medica*

柑橘 *Citrus reticulata*

芸香科 Rutaceae

枳（枸橘）*Citrus trifoliate*

金柑（金橘）*Citrus japonica*

小小桔 *Glycosmis parviflora*

黄皮 *Clausena lansium*

无患子科 Sapindaceae

龙眼 *Dimocarpus longan*

荔枝 *Litchi chinensis*

清风藤科 Sabiaceae

腺毛泡花树 *Meliosma glandulosa*

多花泡花树 *Meliosma myriantha*

羽叶泡花树（红柴枝）*Meliosma oldhamii*

清风藤 *Sabia japonica*

清风藤科 Sabiaceae

鄂西清风藤 *Sabia campanulata*

柠檬清风藤 *Sabia limoniacea*

漆树科 Anacardiaceae

五加科 Araliaceae

杧果 *Mangifera indica*

鹅掌柴 *Schefflera heptaphylla*

## 伞形科 Umbelliferae

野胡萝卜 *Daucus carota*

白花前胡 *Peucedanum praeruptorum*

## 杜鹃花科 Ericaceae

毛果珍珠花 *Lyonia ovalifolia*

刺毛杜鹃 *Rhododendron championae*

山榄科 Sapotaceae

人心果 *Manilkara zapota*

紫金牛科 Myrsinaceae

密花树属 *Myrsine* sp.

紫金牛科 Myrsinaceae

密花树 *Myrsine seguinii*

朱砂根 *Ardisia crenata*

虎舌红 *Ardisia mamillata*

密齿酸藤子 *Embelia vestita*

紫金牛科 Myrsinaceae

木犀科 Oleaceae

杜茎山 *Maesa japonica*

白蜡属 *Fraxinus* sp.

木犀科 Oleaceae

苦枥木 *Fraxinus insularis*

庐山梣 *Fraxinus sieboldiana*

暴马丁香 *Syringa reticulata*

## 木犀科 Oleaceae

北京丁香 *Syringa reticulate* subsp. *pekinensis*

桂花 *Osmanthus fragrans*

## 夹竹桃科 Apocynaceae

羊角拗 *Strophanthus divaricatus*

马利筋 *Asclepias curassavica*

夹竹桃 *Nerium oleander*

茜草科 Rubiaceae

栀子 *Gardenia jasminoides*

钩藤 *Uncaria rhynchophylla*

水锦树属 *Wendlandia* sp.

忍冬科 Caprifoliaceae

金银花 *Lonicera japonica*

金花忍冬 *Lonicera chrysantha*

苦糖果 *Lonicera fragrantissima*

川续断科 Dipsacaceae

蓝盆花 *Scabiosa comosa*

菊科 Compositae

牛蒡 *Arctium lappa*

野艾蒿 *Artemisia lavandulaefolia*

旋花科 Convolvulaceae

番薯 *Ipomoea batatas*

玄参科 Scrophulariaceae

地黄 *Rehmannia glutinosa*

爵床科 Acanthaceae

爵床 *Justicia procumbens*

芭蕉科 Musaceae

芭蕉 *Musa basjoo*

姜科 Zingiberaceae

蘘荷 *Zingiber mioga*

山姜 *Alpinia japonica*

姜 *Zingiber officinale*

百合科 Liliaceae

薯蓣科 Dioscoreaceae

菝葜属 *Smilax* sp.

日本薯蓣 *Dioscorea japonica*

薯蓣科 Dioscoreaceae

穿龙薯蓣 *Discorea nipponica*

## 棕榈科 Palmae

棕榈 *Trachycarpus fortunei*

散尾葵 *Chrysalidocarpus lutescens*

鱼尾葵 *Caryota maxima*

棕竹 *Rhapis excels*

禾本科 Poaceae

水稻 *Oryza sativa*

玉米 *Zea mays*

苏丹草 *Sorghum sudanense*

禾本科 Poaceae

五节芒 *Miscanthus floridulus*

芒 *Miscanthus sinesis*

白茅 *Imperata cylindrical*

禾本科 Poaceae

牛筋草 *Eleusine indica*

李氏禾 *Leersia hexandra*

稗 *Echinochloa crusgalli*

禾本科 Poaceae

马唐属 *Digitaria* sp.

棕叶狗尾草 *Setaria palmifolia*

求米草属 *Oplismenus* sp.

禾本科 Poaceae

狗尾草 *Setaria viridis*

阔叶箬竹 *Indocalamus latifolius*

孝顺竹 *Bambusa multiplex*

# 中文索引

# 学名索引

# ▎参考文献▎

[1] THOMAS J ALLEN, JIM P BROCK, JEFFREY GLASSBERG. Caterpillars in the Field and Garden: A Field Guide to the Butterfly Caterpillars of North America [M]. Oxford: Oxford University Press, 2005.

[2] SATOSHI KOIWAYA. The Zephyrus Hairstreaks of the World [M]. Tokyo: Mushi-Sha, 2007.

[3] 李传隆，朱宝云. 中国蝶类图谱 [M]. 上海：上海远东出版社，1992.

[4] 黄灏，张巍巍. 常见蝴蝶野外识别手册 [M]. 重庆：重庆大学出版社，2009.

[5] 张巍巍，李元胜. 中国昆虫生态大图鉴 [M]. 重庆：重庆大学出版社，2011.

[6] 武春生，徐堉峰. 中国蝴蝶图鉴 [M]. 福州：海峡书局，2017.

[7] 徐堉峰. 台湾蝶图鉴第一卷 [M]. 南投县：国立凤凰谷鸟园，1999.

[8] 徐堉峰. 台湾蝶图鉴第二卷 [M]. 南投县：国立凤凰谷鸟园，2002.

[9] 徐堉峰. 台湾蝶图鉴第三卷 [M]. 南投县：国立凤凰谷鸟园，2006.

[10] 徐堉峰. 台湾蝴蝶图鉴（上）[M]. 台中：晨星出版社，2013.

[11] 张永仁. 蝴蝶100：台湾常见100种蝴蝶野外观察与生活史全纪录 [M]. 台北：远流出版公司，2005.

[12] 陈锡昌. 广州蝴蝶 [M]. 澳门：读图时代出版社，2011.

[13] 吕至坚，陈建仁. 蝴蝶生活史图鉴 [M]. 台中：晨星出版社，2014.

[14] 秦祥堃，裴恩乐，袁晓. 佘山常见种子植物图谱 [M]. 上海：上海科学技术出版社，2013.

[15] 刘全儒，曾宪锋，吴磊. 华南常见植物识别图鉴 [M]. 北京：化学工业出版社，2014.

[16] 丁炳扬，李根有，傅承新，等. 天目山植物志（1—4 册）[M]. 杭州：浙江大学出版社，2010.

[17] 张钢民，薛康，杜鹏志，等. 北京常见森林植物识别手册 [M]. 北京：中国林业出版社，2011.

[18] 朱弘复，钦俊德英. 汉昆虫学词典 [M]. 2 版. 北京：科学出版社，1991.

[19] HU SHAO-JI, ADAM M. COTTON, et al. Revision of Pazala Moore, 1888: The Graphium (Pazala) mandarinus (Oberthür, 1879) Group, with Treatments of Known Taxa and Descriptions of New Species and New Subspecies (Lepidoptera: Papilionidae) [J]. Zootaxa, 2018, 4441(3): 401-446.

[20] 贾凤海，陈春泉，何桂强. 江西蝶类生活史研究 I（井冈山卷）[M]. 南昌：江西科学技术出版社，2014.